中国乡村建设系列丛书

把农村建设得更像农村

金岭村

祝采朋　金　持　著

U0222354

江苏凤凰科学技术出版社

把农村建设得更像农村

小张湾秋景

精准扶贫到户

金岭村全貌

小张湾门楼广场

小张湾门楼广场

序

金岭村项目由孙君工作室承接，项目主体为湖北省组织部的扶贫点之一。湖北省委组织部和大悟县领导一起对项目进行了考察，因为郝堂村、桃源村等示范项目让他们看到理想中的美丽乡村，所以找到我们北京市延庆区绿十字生态文化传播中心（以下简称"绿十字"）进行项目建设。

如何以村民为主体，让年轻人回来，让村庄洋溢着浓浓的乡愁，这是建设过程中需要思考的。基于这种思考，设计团队在考察大悟县后，最终选择了金岭村。

金岭村原本是一个满是残墙断壁的村庄，由于古村落与传统村落不被重视，导致它们消失得非常快。设计团队力求改变人们对传统村落的价值观，与此同时，召回村里的年轻人，充分挖掘古村落和传统村落的潜力，推动乡村旅游的发展，而金岭村恰好具备农业与旅游业结合发展的基本条件。

在选择项目设计方时，考虑由华夏农道规划设计咨询服务有限公司（以下简称"华夏农道"）建设项目。它前身是"孙君工作室"，是最早跟着我进行中国乡村建设的团队之一，团队主要成员参与了湖北省襄阳市谷城县五山镇堰河村项目（2003年）、湖北省枝江市问安镇项目（2005年）、四川省汶川县灾后重建项目（2008年），乃至近期的河南省信阳市郝堂村项目。因此，设计师对乡村的感觉、对农民的理解、对乡村规划设计的落地，是非常到位的。至于施工团队，选择和我最早合作的郑世宏领导的农民建造师及施工队，他们对农村、对乡村建设怀有深刻的理解。

传统村落的年代久远，村里人烟稀少。然而，传统村落经过百年风雨之后，带有一种浓浓的乡愁感和年代感。在保留村落年代感的同时，"华夏农道"力求确保村庄的安全、便利以及采光、通风等实用功能。然而，村民却希望建造新房子，不仅造价低廉，也能为村中男青年娶妻创造有利条件。由此，设计团队得到大悟县和湖北省委组织部的全力支持和信任。

现在大悟县金岭村的房屋虽然外表看来是老建筑，但内部全部进行了结构性改造，房子的抗震设防烈度为8级。村落建设的难度、投入和技术，在近几十年中国传统村落建设中位居前列。修旧存真的做法，让这个古村落拥有了现代化的功能、艺术和审美空间。

祝采朋作为"华夏农道"的负责人，在规划设计、建筑实用（包括舒适度）等方面与县政府和组织部进行沟通，并根据项目负责人所提意见和现实情况做调整。金岭村的发展虽没有达到国家级传统村落或文物保护标准，却比普通建筑级别高。这种"高不成低不就"的状态也让设计规划过程变得困难。

尽管如此，在种种困难的考验下，设计团队始终没有放弃，努力使金岭村项目做到"完璧归村"。经过各方一年多的努力，金岭村成为继郝堂村、桃源村、樱桃沟村、七星村之后又一经典之作，为中国传统村落、古村落的保护和激活做出重要而有益的探索。此番探索在今天乃至未来很长一段时间内依然是经典。

孙君

孙君：“绿十字”发起人、总顾问，画家，中国乡村建设领军人物，坚持"把农村建设得更像农村"的理念。其乡村建设代表项目包括河南省信阳市郝堂村、湖北省广水市桃源村、四川省雅安市戴维村、湖南省怀化市高椅村等。

目 录

1 激活乡村

新建的风雨廊桥，寓意"风调雨顺"

1.1 初识乡村

我不明白
自己何来的忧伤
这些反复罗列堆砌的
不过是些瓦砾碎片
为何我总觉得
它们像黄昏细雨中
无处安放的乡愁
被强行地按捺在遗忘的角落
码放得整整齐齐

充满希望的村庄

项目名称：金岭老故乡

基本信息：大悟县，是全国著名的革命老区、鄂豫皖革命根据地的心腹地带，地处湖北省东北部鄂豫边界，北眺中原大地，南瞰江汉平原。金岭村是大悟县境内东部的一个村庄，距京广线孝感北站 14 千米，是湖北省典型的贫困村，人均年收入约 7300 元，外出务工人员人均年收入约 3 万元。

金岭村四面环山，村域范围内丘陵密布，水库、河流、溪涧穿插其间，大

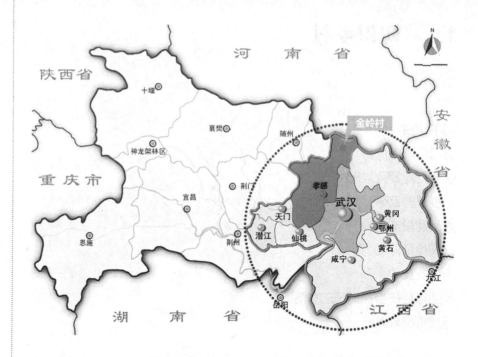

金岭村区位图

部分土质为山沙土，地形特征大体上是"七山一水二分田"。土地贫瘠，而气候条件相对优越，属亚热带季风气候，四季分明，兼有南北气候之特点，水、光、热资源丰富。乌桕树满布山冈田野，每至秋季，梦幻般的红叶让人陶醉。

村庄的自然地形
特征

一条小河穿村而过，河水调节了村落气候，形成"气"；重山环绕，则可以避风，使"气"得以留驻。村内水塘和自然山体使传统民居形成依山傍水的格局。村庄内13个村湾小组布局大抵如此。

金岭村位置偏僻，仿佛是一个被现代社会遗忘的"角落"。村里的贫困户、单身汉很多，年轻人外出打工，很多村湾荒置。由于田地较少，村民纷纷开垦

村庄土地以沙土
性质为主

山坡，种植花生，山林植被被破坏，每当雨季来临，水土流失严重，造成河道淤积，影响农业生产，村民只能转到山上开荒种植，周而复始，恶性循环。

"枯藤老树昏鸦，小桥流水人家，古道西风瘦马。夕阳西下，断肠人在天涯。"这是很多人第一次来到这里的真实感受。金岭村是一个偏远、闭塞、贫穷落后的村庄，也正因如此，它的原始与质朴保存至今。

小张湾、磨子沟和老磨子沟的旧民居保存相对完好，且已荒置，村民搬到马路边修建新房，原来的村湾完整保留。湾子内相对完好的旧宅与周边环境完美契合。考虑到未来的村庄运营和村集体经济的发展壮大，设计团队建议这三个村湾的闲置房屋由政府统一回收、统一修复、集中打造，成为盘活村庄闲置资产的典型。

村内有许多故事传说，如张姓大户人家、镇鸡桥、照鸡寺、金鸡岭、寨鸡沟、寨鸡山的故事等；有一定的宗教文化底蕴，东岳庙、寨鸡庙、照鸡寺都能寻觅到历史痕迹；有丰富的非物质文化遗产，如玩灯、花鼓戏、皮影戏、玩龙船、踩高跷、钢镰大鼓等。村庄位于大别山革命老区，所在的新城镇是革命斗争发源地，也是开国大将徐海东的故乡。

通过调研分析，设计团队进行了总结：金岭村的总体特征为农耕文明、边缘地区、欠发达，已基本解决贫困问题，迫切需要通过村庄整治来改善生产生活条件，同时以产业转型增强经济活力，大力发展乡村旅游，吸引年轻人回乡创业。

　　金岭村乡村建设的目标是延续这份看得见、摸得着、留得住的乡愁，让村民主动参与村庄的传承与保护，真正、彻底地摆脱贫穷，留住乡愁。经过前期的深度调研、公众参与以及反复论证，再加上近两年的建设施工，金岭村的美丽风光现已转变成了强大的生产力！

　　设计团队在金岭村最重要的工作是帮助村民进行民居改造，一户一设计，一户一景观，根据每家每户不同的使用需求、经营意向以及房屋空间和结构来展开，改造后的房屋更加舒适且便于经营。改造之后，对村民进行经营培训和指导。目前，村民纷纷在自家庭院中开办了"农家乐"，经营餐饮和住宿项目。以村民颜保珍为例，家里六口人，承包地流转费、闲置旧宅入股分红，再加上农家乐餐馆四个月的纯利润，2017年总收入达8.4万元，人均收入1.4万元。

　　金岭村项目于2015年基本完成，2016年实现脱贫摘帽，全村人均收入分别为7000多元和9000多元。如今的金岭村，山青了，水清了，村庄秀丽了，贫困村的帽子摘了，外出打工的年轻人纷纷返乡创业。

村湾山水格局

1.2 总体定位

1.2.1 政府意愿

大悟县是国家级贫困县，金岭村是大悟县 89 个重度贫困村之一。全村 545 户中，205 户为贫困户，贫困人口 614 人，人口贫困率达 32%，2015 年全村人均收入仅 2100 元。为了尽快帮助该村脱贫致富，湖北省政府组织干部常驻村里，联络帮扶。

当时，大悟县的副县长带领规划局、住建局、旅游局等相关部门的领导前往郝堂村考察学习，并且向设计团队发出邀请。

政府意愿主要包括三个方面：一是通过规划建设，尽快帮助金岭村脱贫致富；二是加强金岭村党组织建设，以党建助力脱贫攻坚；三是加强村民的技能培训，发展产业。

小张湾开工　　　　　　　　　　　　设计师前期调研

　　围绕政府意愿，设计团队提出将小张湾、黄金沟、老磨子沟三个村湾的闲置房屋整体流转到村集体，由政府对项目资金加以整合，并且成立人民公司，把村里的闲置资产全部流转到人民公司，作为集体资产；将这些房屋打造成餐厅、民宿、茶馆、书吧、手工坊等经营性空间，人民公司作为引领示范，首先经营一家餐馆和一家民宿，并且发动村里擅长酿酒、做豆腐、做小吃的村民，开办豆腐坊、烧酒坊和小吃街，同时对外招商，引入有特色的市场主体。所有收入在年底给村民分红，村民在人民公司打工的同时可享受分红。

　　金岭村由湖北省组织部牵头推进规划建设，因此党组织建设是一大工作重点。设计团队在小张湾打造了党建大院和农民讲习所，为了让金岭村成为省组织部的干部培训基地，还专门打造了一个集办公、会议、培训、旅游咨询等多种功能于一体的综合服务中心。目前，金岭村是第二批湖北省直属机关党员干部教育基地。

1.2.2　设计师意愿

　　乡村建设中，各个方面的角色参与其中，金岭村建设也不例外，有甲方指挥部、乙方设计院、监理方、施工方等，当然还有政府的各个部门，如建设局、国土局、林业局、审计局、文体局等。大家在各自擅长的领域，为村庄建设贡献自己的力量，而其中设计师扮演着重要的角色。

　　前段时间，微信里流传一篇文章——《建筑师，请不要成为破坏乡村的排

设计师参与河道
现场放线

头兵》，其中写道："几年前，建筑师在乡村做个项目似乎还是一件很小众的事。放眼今天，作为一名建筑师，你要是不在村里比划两下，都不好意思跟同行打招呼。在政策导向、产业结构调整、乡村振兴的大背景下，所有人的目光聚焦于农村，建筑师自然不甘落后地蜂拥而至。几年下来，似乎战果颇丰。奖项拿到手软，大师层出不穷，理论花样翻新，但实际结果却不尽如人意。"

这种现象在当今乡村振兴中值得思考。作为一名设计师，应当扮演什么角色？有多大价值？这值得设计师反思。

在金岭村建设中，设计师更多的是以一位辅助者的身份介入，压下心中自我表现的冲动。设计必须服务于生活和生产，不要掺入个人主义。乡村建设的主体是村干部和村民，无论是居住还是经营，只有村民才是村庄的主人，设计师至多算是客人，有时甚至是匆匆过客。村民的习惯和能力可以被改变和提升，但不能被无视。建筑的终极用途是被使用，而使用的主体应该回归到村民，这样的建筑才能被接纳，最终活下去。乡村不能成为一个全新的"设计试验场"。

乡村建筑，没有城市建筑的复杂，但承载的文化和特色并不少。乡村建筑的营造大多由工匠承担，而设计师则可以提升村民的对自身房屋和居住空间的认同感和自豪感。

大悟县属于鄂北一带，所以鄂北民居风格是其主调，虽然建筑讲究"实用第一"，但专属于传统民居的一些符号还是特别重要的，它们是文化的载体。

城市里的"千篇一律"恰是因为没有结合当地的风格特色，没有尊重地域特征。在乡建过程中，每个地方的民居各不相同，民居设计应当因地制宜。

驻村设计师在参与营造的过程中，应当在村子里生活，将设计和生活融为一体。在乡村建设中，这是对设计师基本的要求。因此，设计师与施工队之间的互动成为家常便饭。很多时候，精心设计的创新点在实际施工中根本无法实施，或者设计师的某些构想与当地的传统形式或构造做法有很大矛盾。这时设计师应当与工匠们研究对策，充分汲取其施工经验，推动项目建成。

另外，工匠们在施工过程中发挥才能，特别是在乡村的景观营造方面，可能会收到意想不到的效果。设计师与工匠的互动过程，与一般建设工程中的工地洽商不同，这样的互动提高了工作效率。设计师从工匠那里学到传统工艺和施工技巧，强化施工设计；工匠们在互动过程中也接触到设计知识，积极进行创造；双方经过磨合，总结出行之有效的施工工艺，并使传统工艺得以传承和发展，进而更好地实现设计师的设计意图。

设计师参与建设全过程

设计师参与调研

　　从各个角度分析，设计师在乡村建设中不能作为主导力量，而只能是配合。因此，在金岭村建设中，设计师以此为原则，积极配合各方，本着建设美丽乡村的美好意愿，共同打造村庄。实践证明，这种配合机制是非常行之有效的！

2 金岭村今与昔

小张湾片区制高点"观景楼"

2.1 改造前的金岭村

2.1.1 地理位置

金岭村位于新城镇东北部，距离新城镇区约 10 千米，距离孝感北站约 14 千米,距离城区约 25 千米。东面与彭店乡北河村相邻，南面与新城镇红畈村接壤，西面与高店乡永年村、凉亭村相望，北面与丰店镇北田村相连，属于四乡镇交界地。三面环山，中间为梯田，地势起伏较大。

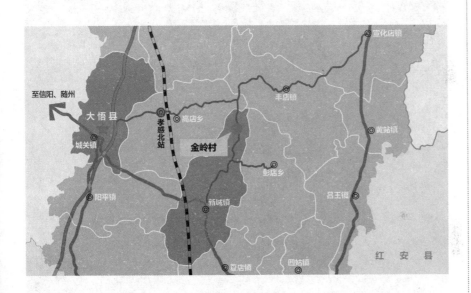

金岭村微观区位图

2.1.2 村庄规模

村民小组 13 个，村民 545 户，总人口 1922 人，有党员 36 人，常年外出人口 827 人。

村域面积约 10.5 平方千米，耕地面积约 148 公顷，水面 10 公顷，林地面积约 600 公顷。现有水库 2 座（东岳庙水库、张湾水库）。

2.1.3 村庄贫困人口状况

金岭村现有建档立卡的贫困人口 660 人，占农业人口的 34.3%，其中民政低保人数共 49 户、78 人，占总人口的 4.1%。2017 年，精准识别贫困对象工作队经过入户调查，并初步核实，金岭村五保户共 42 户、42 人；低保户共 49 户、78 人。

改造前的小张湾

2.1.4 产业现状

1）种养殖业

金岭村以农业为主，主要种植水稻、花生、油茶、板栗。其中，油茶约占0.4公顷，板栗约占20公顷。近年来，村民依托自然资源，发展养殖业，目前已有养殖户5户。其中有养猪专业户2户，年出栏约15头；养牛专业户1户，年出栏7头；水产养殖专业户2户，年产鱼约200千克。

2）打工经济

金岭村常年外出务工人员约830人，占全村总人口的43%，主要去往武汉、广州、沈阳等地，从事建筑行业及在工厂打工。

3）人均收入

人均年收入约7300元，外出务工人员人均年收入约3万元。

2.1.5 房屋现状

居住建筑大部分建于20世纪80年代，为砖混结构的一层独院平房，也有一些二层小楼，有少部分土坯房，另有明、清建筑若干。其中，危房201栋，土坯房198栋。

2.1.6 基础设施现状

1）交通概况

（1）对外交通。金岭村现有一条北通丰店镇、高店乡，南通新城镇、彭店乡的道路（张界线），沥青路面，宽约6米，但部分路段破损严重。

（2）村内交通，通村公路基本可到达自然湾口，总长约7千米，湾内道路大多数未硬化，需要硬化的道路约13.9千米。

改造升级前的
村庄主路

金岭村今与昔

把农村建设得更像农村

改造前村湾

28

保留完好的传统民居

2）其他设施状况

（1）给水：无集中供水系统，村民以山泉水及自建压水井为主要饮用水源。

（2）排水：通村公路沿途有部分排水沟渠，湾内污水无排水管道，污水随意排入小河、池塘或农田，水体变质现象严重。

（3）电力、电信：电力设施、通信电线电缆等通信设备较为齐全，尚无光缆。

（4）能源：主要以麦秆、柴草等为燃料，少部分农户使用罐装液化气。

（5）环卫：村中无公厕、垃圾池、垃圾箱，无垃圾桶及集中回收点，垃圾随意倾倒。

（6）公共服务设施：村级办公楼为1992年建设，砖混结构，2层，建筑面积约260平方米，房屋已严重破损，雨雪等恶劣天气影响正常办公，正在筹备异地重建。卫生室已按标准建成。村级小学为两层砖混结构房屋，无标准操场、跑道、篮球场等，需改扩建。现有教师5位，学生56名。有一至三年级和学前班各一个，教室5间，其中电教室1间。学校用地面积约3300平方米，总建筑面积约1200平方米，满足学校发展需求（四、五年级的学生在新府小学上学，六年级的学生在新城镇小学上学）。

2.1.7 森林植被现状

金岭村以前森林植被茂盛，因早晨空气湿度大，易形成水雾，亦称"光雾山"。但后来遭到两次毁灭性的破坏，再加上滥砍滥伐，山上树木很少，以前的"光雾山"现在被村民戏称为"光无山"。

2.1.8 可深入挖掘的规划要素

（1）关于金鸡岭村由来的传说，以及张姓大户人家、镇鸡桥、照鸡寺、寨鸡沟、寨鸡山等故事，可以串联成一条精品旅游短线。

（2）有一定的宗教文化底蕴，东岳庙、寨鸡庙、照鸡寺都能寻觅到历史痕迹。

（3）新建的颜氏宗祠具有一定的鄂北豫南建筑风貌，对部分房屋进行建筑立面改造后，可作为特色农家小院。

（4）对花鼓戏、皮影戏、玩龙船、踩高跷、钢镰大鼓等非物质文化遗产进行包装，可以作为村庄旅游的节目。

改造前山体

照鸡寺与镇鸡桥

村卫生室及小学

村湾饮用水井

31

（5）农耕工具、农耕技术、农耕果实可以作为弘扬传统农耕文化的旅游元素，比如建造农耕博物馆，与基层组织的党员群众服务中心、游客接待中心相辅相成。

2.1.9 存在的主要问题

（1）公共设施不健全。未设村级标识、村民活动广场、福利院、幼儿园，村级办公楼已成危房。

（2）道路交通环境较差。村内道路较窄，需改造；湾内部分道路为土路，急需修建。

（3）环卫设施缺乏。厕所数目较多，但随意违建，卫生设施条件较差，不能完全满足村民使用需求。无统一的垃圾收集点，猪圈、牛栏随处建设，致使污水粪便横流。

（4）无排水设施，多为自然散排，对水质污染严重。

（5）产业规模不大，比较分散，资金、技术相对薄弱。

凋零的村湾

2.2 改造后的全貌

村庄北村标

2.2.1 美丽乡村建设成效

金岭村自 2016 年 11 月 1 日成功开园后，按照"一心三区"（乌柏广场集散中心、小张湾颜回书院文化体验区、黄金沟喜宴世界美食体验区、老磨子沟观星谷汽车露营地运动休闲区）的布局，持续强力推进项目建设。坚守鄂北民居风格，深化核心区域功能定位，强化管理，进一步引导发动群众，实现项目建设有力推进，村庄功能不断健全，成立运营平台，管理逐步规范，群众参与热情明显提升，金岭美丽乡村目前具备一定的市场运营接待能力。

（1）建设小张湾颜回书院文化体验区。

张湾水库

33

在保留小张湾鄂北建筑风格的基础上，深入挖掘金岭村颜氏家族历史文化，围绕金岭颜氏家族先祖颜回安贫乐道、谦虚好学、仁德有礼的精神品质核心，设置初心堂、周艺堂、厚德堂、居陋堂、静思堂、仰俯亭等，打造讲学论道、传习技艺、静学自省、情感交流和陋室简居的空间。同时，建有艺术家工作室、书院酒店、农家厨房等功能区，致力于打造展示中国优秀传统文化及鄂北传统建筑文化、体验乡土清新旅居生活的理想之所。目前，金岭村农家厨房已进入营业状态；书院酒店建有客房25套，极具传统民俗特色，初步运营；汉绣大师工作室、刘醒龙工作室、孙君工作室、红色记忆小屋等都已布展完毕，金岭村文化氛围愈显浓厚；颜回书院和风雨桥门楼相继开放，彰显厚重的历史韵味。

（2）打造黄金沟喜宴世界美食体验区。

黄金沟喜宴世界力求打造一个以同心院传统婚庆中心为主题、以传统食品加工为特色的民间美食体验区。传统婚庆中心包括同心院、同心厅、同喜厅、同贺厅、同心楼等。民间美食体验区采取前店后厂的格局布置，包括憨豆坊、喜酒坊、干菜坊、油面坊等功能区。喜宴世界是集金岭村传统婚礼展示、民间美食品尝、传统工艺互动体验于一体的美食文化体验空间。目前，传统婚庆中心已具备承接婚礼和喜宴的能力，憨豆坊、喜酒坊、干菜坊均已投入生产，产品主要在乌桕广场商铺集中销售。小吃街正在全镇招募厨师，近期将全部开张提供服务。

（3）打造观星谷汽车露营地运动休闲区。

营地以农耕乡愁文化为内涵，因地制宜，打造集露营、房车、娱乐、休闲、度假于一体的运动休闲空间。目前，磨子山居酒店、房车花园酒店、山谷日间帐篷、烧烤吧已投入运营，乡村KTV、轮胎乐园、山地拓展等项目初步投入使用。观星谷汽车露营地游客接待站、金岭人民公司办公区已正常使用，良好的办公环境有助于公司实施规范化管理。

（4）建设乌桕广场集散中心。

广场是一个集商铺、游客接待中心、游乐场、停车场于一体的游客购物休闲集散中心。广场的18间商铺由金岭人民公司集中管理运营，营业收入额及80%的商铺租金专供贫困户进行受益分配，着重探索贫困户长效收益保障机制。目前，游客接待站具备信息咨询、住宿就餐预定、农土特产品销售等服务功能；电子商务站可提供网上购物及货物配送转运服务；新世纪超市金岭店可满足群众及游客的日常生活需求；广场四坊集中展示销售金岭土特产。金岭人民公司定期在广场组织开展文艺会演活动，每晚定时播放免费电影，极大地丰富群众的精神文化生活，促进乡里和谐，推动金岭美丽乡村建设进程。

（5）完善旅游基础配套设施。

完成植树54.8万株，约470公顷，公路绿化4千米，风景植树8797株；

改造后的村庄全景

建设中的金岭村

改造后的小张湾

新建南、北村标两处，新修红色小路 2.9 千米，设置全村区域导视牌 14 处。硬件建设取得很大的成效以及良好的社会反响，而金岭村的建设不能局限于物理形态的变化，而应当在村民组织、生态保持、产业植入等多个方面统筹兼顾。

金岭村的建设过程时间紧、任务重，整体比较成功，但部分细节上留有些许遗憾。想要打造精品，尚需付出很大的心血和更多的时间。有些地方略显粗糙，主要是受工期的限制，在细节和材料的甄选上无法尽善尽美。政府对项目建设有

改造后的黄金沟

时间要求，这期间需要克服各种不利因素，同时难免因仓促而造成疏漏。

2.2.2 总结

　　金岭村的建设项目具有良好的示范意义和社会效应。政府将它定位为在湖北省范围内可学习、可推广的乡村振兴标杆项目。因此，以此为目标，还需继续努力，在全省乃至全国的美丽乡村项目建设、村庄闲置资产的激活、村庄产业的植入、村民的培训等方面提供可参考、借鉴的典型案例。

3 乡村营造

修葺一新的小张湾

3.1 设计思路

3.1.1 规划范围

本次规划范围为金岭村村域范围，村域面积约 10.5 平方千米，村庄东与彭店乡北河村相邻，南与新城镇红畈村接壤，西与高店乡永年村、凉亭村相望，北与丰店镇北田村相连，属于四乡镇交界地。

3.1.2 规划期限

规划期限：2016—2021 年

前期：2016—2017 年（2 年）

中期：2018—2019 年（2 年）

后期：2020—2021 年（2 年）

3.1.3 规划总则

1）规划原则

坚持产业发展、农民增收的原则。强化产业发展基础，围绕区域资源特色，大力发展生态产业，形成可持续发展的产业支撑体系，促进农民持续增收。

坚持实事求是、量力而行的原则。根据本村实际，紧密结合资源状况和经济基础，突出高标准、可操作和可持续的特点，因地制宜地制定切实可行的建设目标，既量力而行，又尽力而为。

坚持全民参与、因地制宜的原则。在党委政府的领导下，创造便利条件，搞好服务，组织和引导农民群众积极参与。充分尊重农民意愿，从解决农民最关心的具体问题入手，调动农民积极性，发挥农民的主体作用。

坚持整体推进、突出重点的原则。以增加农民收入、提高农民素质、改善农民生产生活条件为重点，积极推进农村各项事业开展，做到有重点、有亮点、分类实施、整体推进，确保农村各项事业全面发展。

2）规划思路

乡村发展的解决方案，首先必须解决产业发展问题，没有产业发展，仅依靠政府"输血"，乡村建设必然失败。因此，以旅游产业为驱动力，构建金岭村"造血"体系，突破产业发展瓶颈就成为本方案的核心。

本次乡村建设的重点是：以当地资源特色和生态环境为优势，突出乡村生活生态特点，挖掘村庄文化内涵，开发建设形式多样、特色鲜明、个性突出的乡村旅游产品，举办具有地方特色的节庆活动，培育特色鲜明的乡村旅游品牌；将闲置的房屋改造成既满足村民现代生活需求又可实现游客接待功能的产业居住一体化设施；加强完善餐饮、住宿、娱乐、厕所、停车场、垃圾污水处理设施、信息网络等旅游休闲配套设施建设；加强政策引导，支持返乡农民、大学生、专业技术人员等开展乡村旅游自主创业。

3）规划目的

以科学发展观为指导，以村庄实际为出发点，秉承可持续发展原则，通过整合关键要素，充分发挥金岭村现有资源优势，把金岭村建设成乡村风情浓郁、村容村貌整洁、基础设施完善、百姓安居乐业、生活生产便利、旅游要素齐全、业态产品丰富，且具有较高品牌知名度和市场影响力的乡村休闲集聚地及美丽乡村建设的示范基地。

3.1.4 方案实施路线

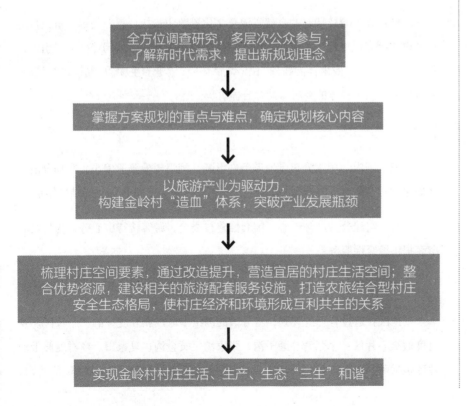

3.2　区域和空间

根据村庄入户调研的结果，将小张湾、黄金沟、磨子沟定位为核心启动片区。同时，这三个湾组的古民居由政府流转并出资修复，带动磨子沟、夏家田、张家湾及其他湾组以村民为主体的民居改造，黄金沟考虑引入社会资本运营。

东湾、颜家田、虎子岩定位为二期带动片区，其中东湾、颜家田仍以村民为主体，进行美丽乡村建设，建议将虎子岩的原住民搬迁到山下，虎子岩采取引入社会资本运营。

韩家沟、西湾、岩术沟、大屋店定位为三期辐射片区。该片区在大力扶持示范户的同时，主要进行村庄的环境整治、绿化美化以及公共服务设施和基础设施的配套建设，为核心片区和带动片区提供产业支撑和人力支撑。

3.2.1　职能定位

从宏观层面看：金岭村地处大悟县中部，由新城镇管辖，位于新城镇东北部，高铁孝感北站、京港澳高速公路、麻竹高速公路、G346国道、悟宣线、吕高线均在半小时通达辐射范围内，张界线贯穿全村，区位优势及交通优势明显。

目标：以金岭村特有的自然资源及文化资源为依托，整合关键要素，打造一个以田园"慢生活"为核心，以青少年教育为亮点，以休闲养生为吸引力，集生态田园观光、农事休闲娱乐、民俗风情体验、养老养生度假、精品民宿接待、乡村户外运动于一体的乡村旅游综合体。

3.2.2　空间布局

村域范围内，村庄分布受地形条件影响，湾组规模普遍偏小，布局分散。规划通过对空间要素的梳理，形成村庄一心、一轴、三片区的空间结构体系。

一心：组建公共服务中心，配套修建村委会、游客接待中心等，为村民和游客提供综合性服务。

一轴：依托新彭线县道与河道，形成村域的主要空间轴线。

三片区：通过合理的规划，将分散的湾组串联成相互支撑的三个片区。乡村度假核心片区：小张湾、磨子沟、张家湾、黄金沟、夏家田。乡村度假带动片区包括颜家田、东湾、虎子岩。乡村度假辐射片区包括韩家沟、西湾、岩术沟、

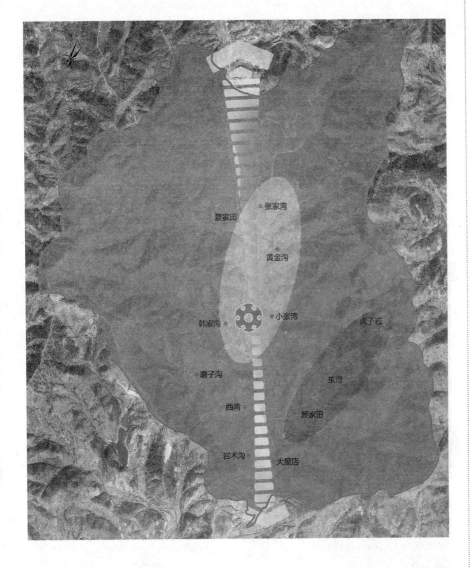

张家湾

夏家田

黄金沟

韩家沟　　小张湾　　　　　虎子岩

磨子沟　　　　　东湾

西湾

颜家田

岩术沟　　大屋店

规划结构分析

大屋店。

3.2.3 村域产业规划

根据村庄经济发展现状，对村域产业发展进行合理引导，将农业种养殖与乡村旅游相结合，加快农业发展，促进农民增收。

乡村度假产业区：借力乌桕红叶观光，以小张湾村为核心，引入乡村度假民宿、养老养生度假、民俗体验等产业类型，丰富乡村旅游度假产业的产品类型。

生态农业养殖区：利用村内偏远闲置的房屋和塘湾，采用生态养殖和农业套养的方法，进行家畜和水产养殖，培育特色品牌。

生态观光农业区：结合乡村度假产业，以生态观光、农业旅游为契机，在核心湾组周边，依托坡改梯及种植方式优化，打造生态观光农业区，在丰富村庄旅游资源的同时，为农业发展拓宽思路。

有机农业产业区：凭借优越的自然气候条件和生态环境，选择适合的水稻品种，培育精品水稻，建立村庄绿色农业产业体系；同时，依托该产业开展青少年农学教育等活动。

林下经济产业区：主要集中在村庄外围坡度较大的耕地，以种植适合当地气候的果林等经济作物为主，在保证生态的前提下发展林业经济，增加村民的

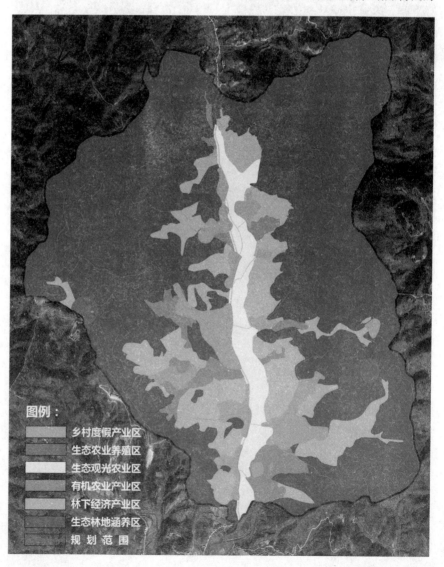

图例：

▨ 乡村度假产业区
▨ 生态农业养殖区
▨ 生态观光农业区
▨ 有机农业产业区
▨ 林下经济产业区
▨ 生态林地涵养区
▨ 规划范围

经济收入。

生态林地涵养区：为村庄提供良好的生态基底，保障村庄健康发展。

3.2.4　村域土地利用规划

金岭村村域面积约 10.5 平方千米。村域土地利用规划以保持现有的山水田园格局为原则，整合各类土地资源，主要包括控制村庄建设用地、明确耕地范围、划定林地和水域的范围、实现村域生态平衡。

村庄建设用地：主要对村庄现有建设用地进行整合，合理利用建设范围内闲置用地，通过置换等方式调整用地，防止村庄扩张。

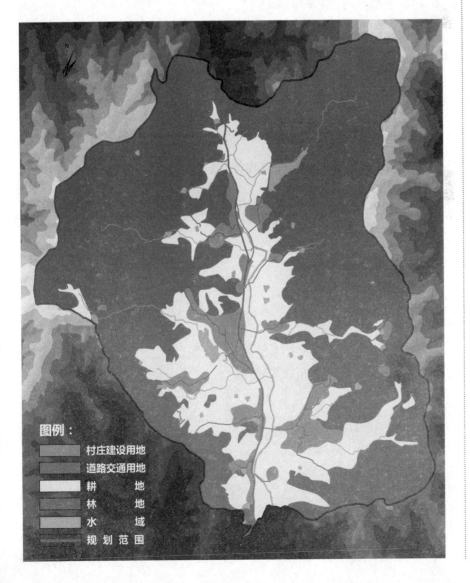

村域土地利用规划

耕地：严格保护现状耕地，一方面避免村庄建设占用耕地，另一方面避免耕地扩张占用林地，占用林地的耕地要退耕还林，采用坡改梯的方式保护农田，防止水土流失，高程较高的农田则种植经果花木。

林地：村庄现有林地和山体中无法进行种植的部分全部纳入林地范围，进行统一的规划和保护，积极维系村庄生态系统平衡；保护村庄现有林带，严格采取相关措施，避免农田侵占林地现象。

水域：对现状水系进行梳理，疏通水系廊道，划定水域范围，并在河道两侧设置生态护岸，恢复水文生态系统。

3.2.5 村域生态保育规划

1）规划原则

生态保护规划着重维持村庄生态系统平衡，促进区域范围内生态环境的可持续发展。

2）规划措施

结合山体坡度条件及农田开垦现状，选取以下区域作为生态保育区：

海拔高程 160 米以上、距离村庄居民点相对较远的山体；坡度大于 25° 且易于发生滑坡及水土流失的山体。

图例：
生态保育区
规 划 范 围

村域生态保育规划

3.3　建筑意向与细部处理

在美丽乡村建设中，传统建筑的保护是非常重要的环节。在金岭村项目建设调研的过程中，设计团队在了解并总结当地民居特点的同时，对建筑构件和院落形式进行统计，从量化数据中总结出建筑和空间特点，以便用于今后的方案设计。

片区内现存的民居建筑以土木结构和砖木结构为主，还有一些建于20世纪80年代的红砖房。所有传统建筑均采用坡屋顶的形式，梁柱断面较小。土坯房普遍是石材高勒脚，具有防潮的作用，色彩上偏重朴素淡雅。其中，小张湾保留下来的土坯房规模最大，大张湾的最精巧、黄金沟的最隐蔽！

建筑设计着重在保证建筑风貌完整性和特色的前提下，对混乱的现状环境进行改造整治。通过设计，强化原有的院落格局，延续空间尺度关系，使片区

传统建筑细部
构件的恢复

内整体建筑风貌协调统一。

根据现状保留质量情况，对片区内的建筑进行分类，大致可分为以下几种类型：第一类是全部保留，主要针对质量完好的建筑，采取全部保留的方式，保留原有的生活状态；第二类是部分保留和部分新建，拆除后搭建的房屋，替换腐朽的承重木料，更换与风貌相悖的构件；第三类是完全新建，对20世纪80年代红砖房或现代的瓷砖房等与风貌不相符的建筑进行拆除重建，以保证整个片区的协调统一。

打造片区内以传统民居建筑为主，没有文物建筑，通过保留墙体和修复构件，保证整个片区的"原真性"，同时在传统基础上进行创新。更新的建筑力求彰显时代特色，在保持传统风貌的前提下运用新材料、新技术，同时节约成本、控制造价、加强环保，并实现可持续发展。

更新的建筑设计更加注重传统尺度、比例、色彩、细节，突出新材料与传统材料的有机结合。有些建筑的更新大胆采用钢结构，结合土坯和清水砖，在保证风貌协调的同时增强时代感。总的原则是让人们一眼就能看出这是全新的建筑，同时与整个片区极度融合，新旧建筑相得益彰。

鄂北风格的建筑有很多构件和细节，其中门头是一大特点，做工考究，比例协调，美观自然，所以在本次改造升级中增建多处门楼，强化传统建筑之美，打造一些封山、封檐、屋脊等，力求回归传统。

小张湾建筑墙体
修复方案

传统建筑细部构
件样式

51

乡村营造

把农村建设得更像农村

传统建筑细部
构件样式

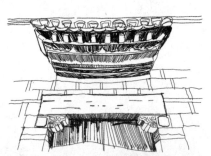

门楼细部实景

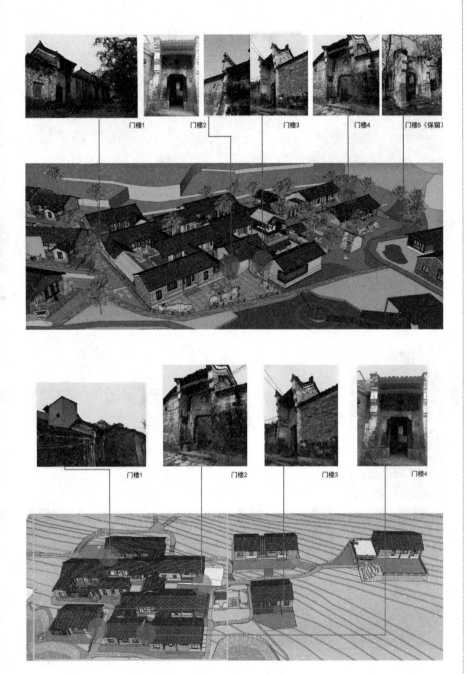

门楼1　　　门楼2　　　　　门楼3　　　　　门楼4　　　门楼5（保留）

门楼1　　　　　　门楼2　　　　　门楼3　　　　　门楼4

门楼处理方案

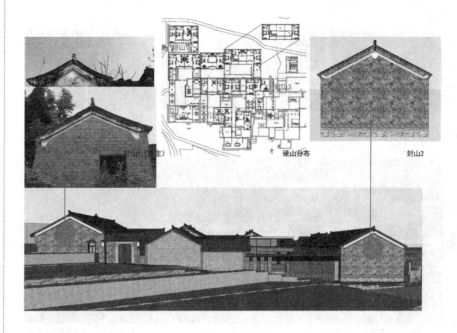

封山1.（保定）　　　　硬山分布　　　　封山2

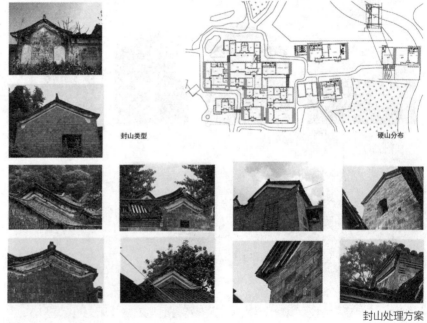

封山类型　　　　　　　　　　　　　　　硬山分布

封山处理方案

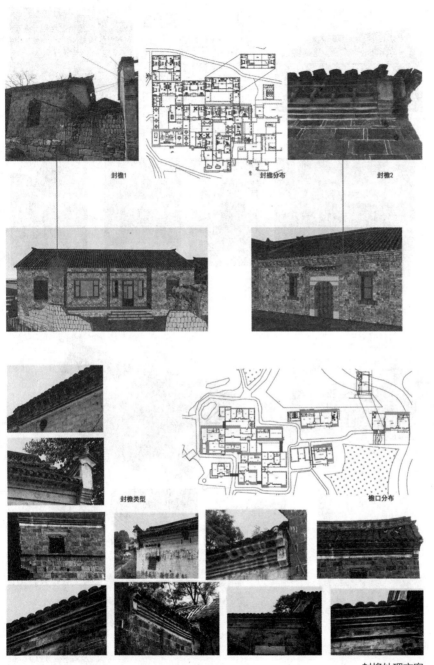

封檐1　　　　封檐分布　　　　封檐2

封檐类型　　　　檐口分布

封檐处理方案

门洞样式一（凹进）　　　　门洞分布　　　　门洞样式二（墙面上）

门洞处理方案

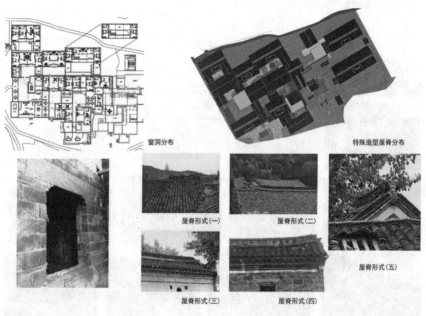

窗洞分布　　　　特殊造型屋脊分布

屋脊形式（一）　　　　屋脊形式（二）

屋脊形式（三）　　　　屋脊形式（四）　　　　屋脊形式（五）

门洞及屋檐的处理方案

在距离金岭不远的九房沟地区保留着一片非常完好的民居建筑群，这是一个由多座独立建筑组成的多院落建筑群，包括明堂、青龙台、颜氏老宅、颜氏祠堂等。其中，颜氏老宅主建筑共有5进、31个天井、165间，为砖木结构，建筑面积10 000平方米。建筑外形为整石条墙基，青砖黑瓦，石质门礅门楣，门楼前有石条台阶。正屋前廊卷棚，室内方砖墁地，多间立柱梁架，雕刻花石柱础，部分二层为砖木结构，上房明间上下为鼓皮，雕花装饰，有的造型别致，外墙顶沿彩绘花纹，色泽鲜艳，砖雕双龙雄居屋顶。整体建筑面向溪流，依山而筑，层层青墙黛瓦的村舍静静矗立。如此规模宏大、气势恢宏的建筑群，现已鲜见，可称得上现存为数不多的古建筑佳作。

在金岭村项目建设中，很多建筑细节设计从这里汲取灵感，细部构件对村落整体风貌具有重要的影响，通过对细部构件的保留和复原，传统风韵得以延续和发展。

与此同时，对拆下来的构件、砖瓦、石条等进行分类整理，留以后用。

九房沟传统民居
建筑群

总之，在金岭村项目中，尽可能地保留传统，即使有创新，也在尊重传统的前提下进行，这样的处理方式毫不突兀，同时能够很好地解决问题。细节决定成败，做好每一个细节是金岭村项目建设的基本要求。

社会在发展，传统民居的传承与提升，应当融入建筑理念和营造智慧。在美丽乡村的建设过程中，汲取传统民居在规划布局、功能设计、组织构造、材料运用和造型装饰等方面的智慧，将具有传承价值的建筑语言、元素与现代元素加以结合，在传承中创新，在创新中保有特色，确保每个地区、每个村庄在总体协调的基础上独具风采。传统民居是国家宝贵的财富，我们有责任、有义务将其一代代传承下去。

保留乡村元素定位

民居细部实景

3.4 建筑式样

建筑式样以乌柏广场为例：

广场有两个出入口，固定停车位26个，灵活停车位约30个，大巴停车位8个，同时配有露天舞台和二层观景平台。

航拍

改造后实景

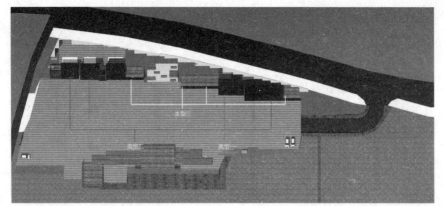

商铺建筑分类

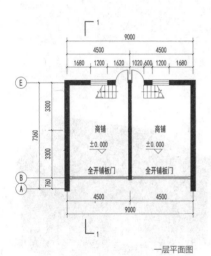

一层平面图

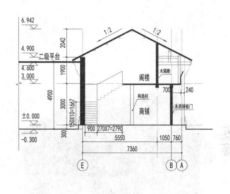

剖面图

效果图

类型一样式

注：本书中图纸尺寸除注明外，均以毫米（mm）为单位。

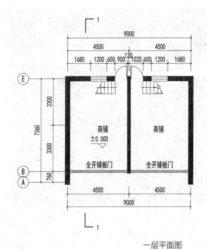

一层平面图

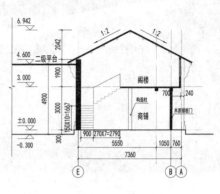

剖面图

效果图

类型二样式

立面图

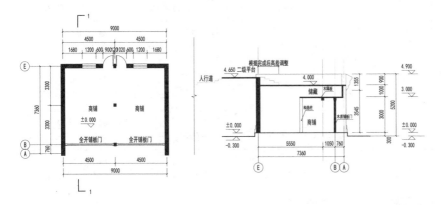

一层平面图

剖面图

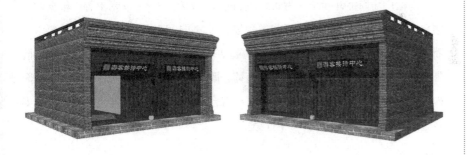

效果图

立面图

类型三样式

63

不同行业形式对商铺开间进深的要求

项目	餐饮业	服饰业	美容美发业
开间	≥ 4 米 多为 8~12 米	≥ 3 米 多为 4.2~6 米	≥ 5 米 多为 6~10 米
进深	≥ 10 米 多为 12~15 米，一般不大于 2 米	≥ 6 米 多 为 10~12 米，一般不大于 15 米	≥ 12 米 多为 15~20 米
开间进深比	多为 1：2.5，一般不大于 1：5	多为 1：3，一般不大于 1：4	多为 1：2，一般不大于 1：4
层高	≥ 4.5 米 以 6~7 米为准	≥ 4.5 米 以 6 米为准	≥ 4.5 米 以 6~7 米为准
停车位	充足的停车位	—	—
配套设统	电力 ≥ 20 千瓦 /100 平方米； 充足的自来水供应； 隔油池； 油烟期牌坊通道； 污水排放、生化处理装置	充足的电力供应	充足的电力和自来水供应； 污水排放装置

乌桕广场商铺开间统一为 4.5 米，进深约 7 米、8 米、9 米不等。根据调研结果，乌桕广场上的商铺的开间进深很合适，可以满足不同行业形式的要求，而且拥有后院的店铺，其复合功能更强。形式方面分为带阁楼和不带阁楼两种，带有阁楼的商铺可作为"一拖二"商铺，既满足经营又满足居住需求；不带阁楼的上面会有一个观景平台，位于露天舞台的对面，增加店铺层高的同时，丰富整个广场的层次，方便、实用且美观。

铺装材料样式

火烧板

拉丝板 1

拉丝板 2

荔枝面板

自然面板

全部采用当地地材，表面尽可能粗糙。广场的表面，防滑很重要；色彩尽可能朴素，与对面的小张湾风格保持一致。

乌桕广场实景

下面列出乌桕广场的部分施工图纸，以供学习与参考（以广场北区为例）：

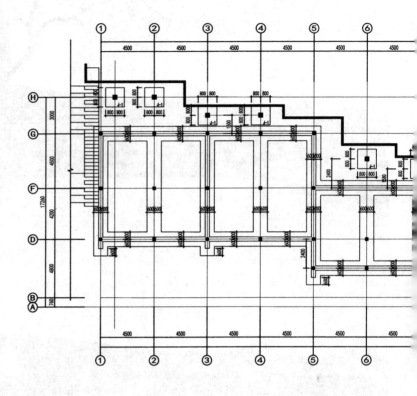

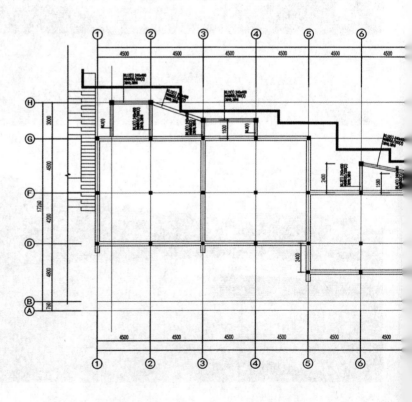

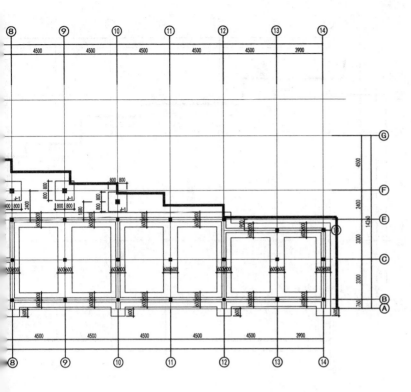

基础平面图

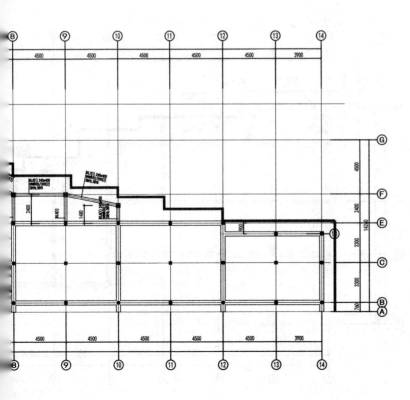

地梁平面布置图

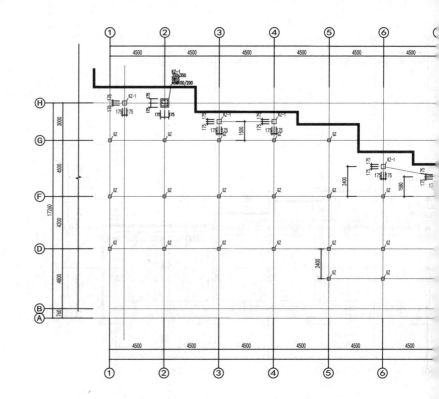

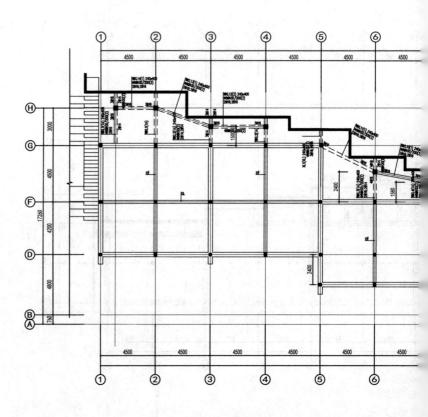

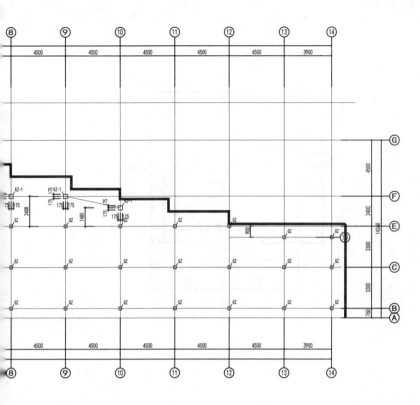

柱定位及配筋图

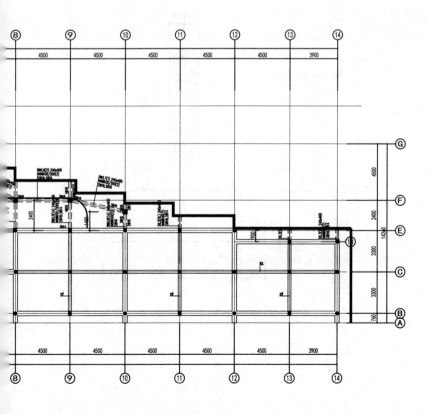

屋顶梁平面布置图

69

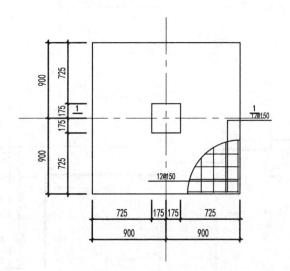

细部结构图 1

细部结构图 2

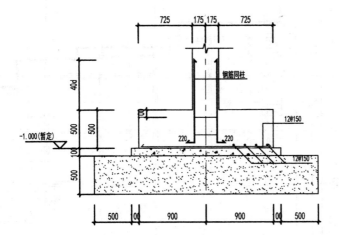

细部结构图 3

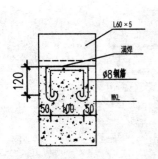
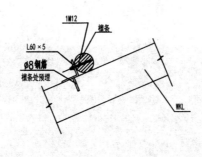

细部结构图 4

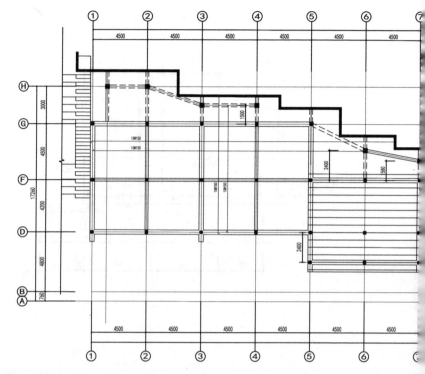

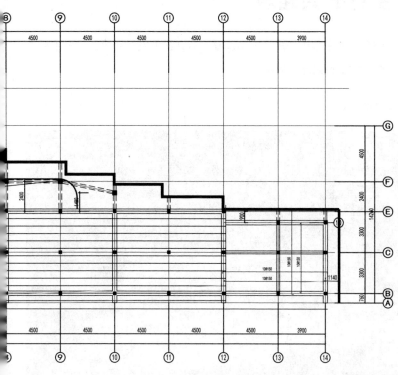

屋顶板布置图

远眺乌桕广场

3.5　乡村公共建筑

金岭村综合服务中心历经多次方案调整，有几次方案被否决，又经项目负责人从中协调，方案得以起死回生。

第一稿效果图如下：

整体效果图

在方案推敲过程中，在满足现代功能需求的基础上，建筑风格最大程度地体现当地特色，其中入口门头的设计经反复推敲，最终采用样式二。

门头样式一

门头样式二

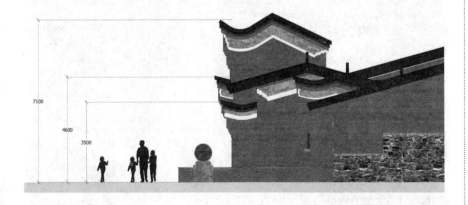

门头样式三

庭院效果图

室内效果图

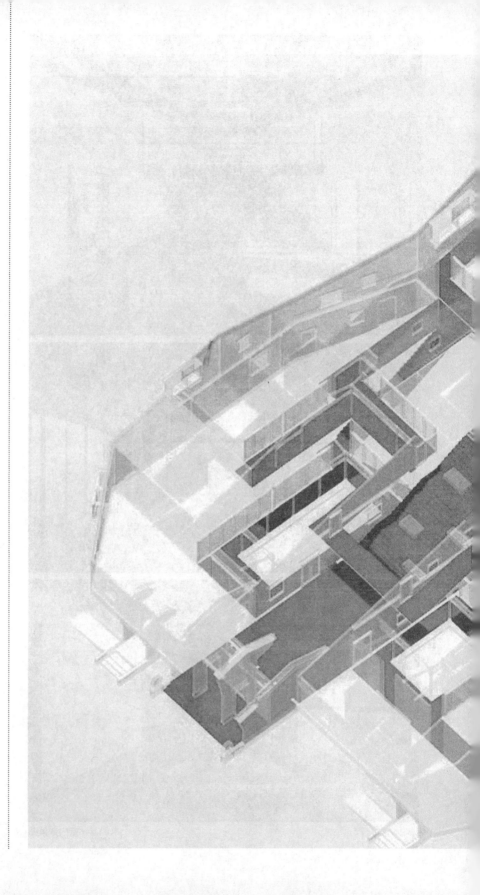

交通流线分析

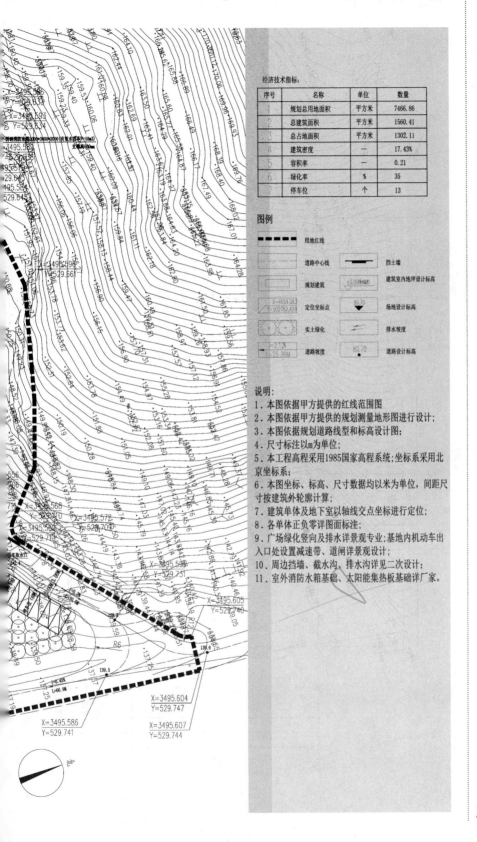

经济技术指标：

序号	名称	单位	数量
1	规划总用地面积	平方米	7466.86
2	总建筑面积	平方米	1560.41
3	总占地面积	平方米	1302.11
4	建筑密度	—	17.43%
5	容积率	—	0.21
6	绿化率	%	35
7	停车位	个	13

图例

- 用地红线
- 道路中心线
- 规划建筑
- 定位坐标点 X=4654.083 Y=502782.428
- 实土绿化
- 道路坡度 i=2.1% L=25.26M

- 挡土墙
- 建筑室内地坪设计标高
- 场地设计标高
- 排水坡度
- 道路设计标高 80.70

说明：
1. 本图依据甲方提供的红线范围图
2. 本图依据甲方提供的规划测量地形图进行设计；
3. 本图依据规划道路线型和标高设计图；
4. 尺寸标注以m为单位；
5. 本工程高程采用1985国家高程系统；坐标系采用北京坐标系；
6. 本图坐标、标高、尺寸数据均以米为单位，间距尺寸按建筑外轮廓计算；
7. 建筑单体及地下室以轴线交点坐标进行定位；
8. 各单体正负零详图面标注；
9. 广场绿化竖向及排水景观专业；基地内机动车出入口处设置减速带、道闸详景观设计；
10. 周边挡墙、截水沟、排水沟详见二次设计；
11. 室外消防水箱基础、太阳能集热板基础详厂家。

总平面图

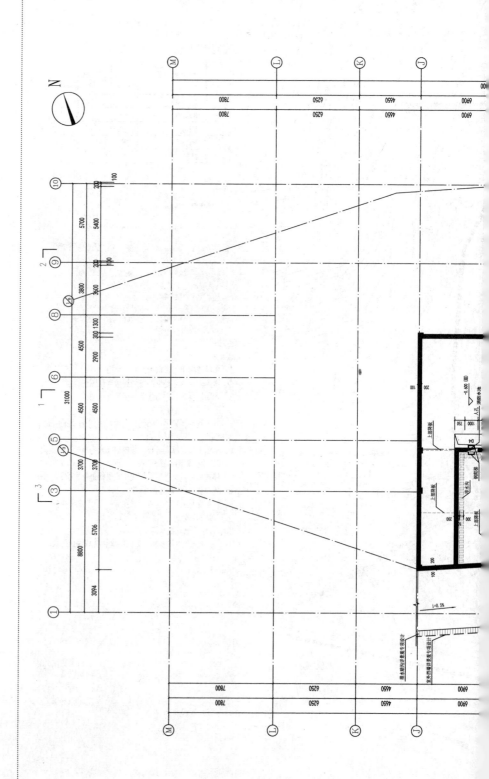

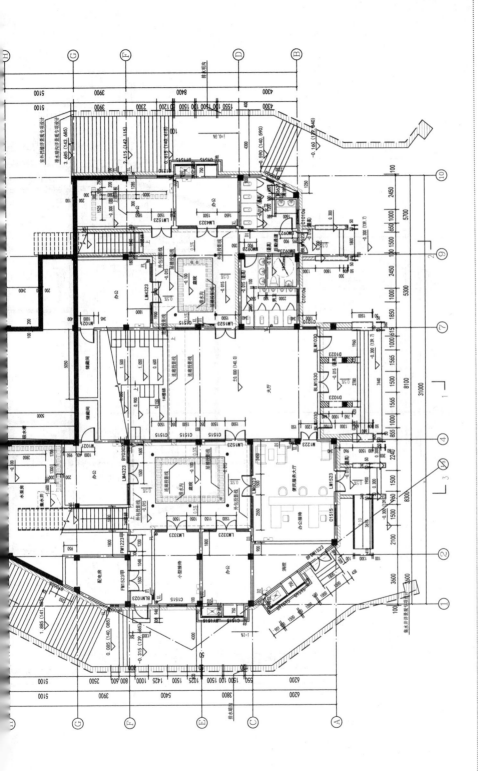

一层平面图

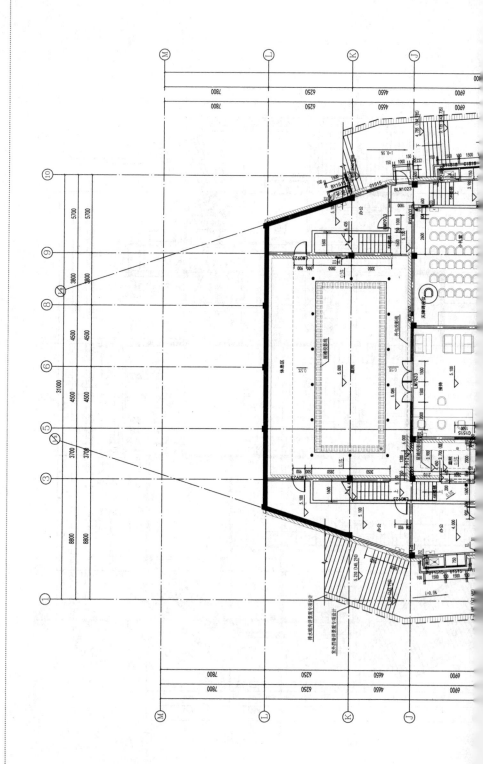

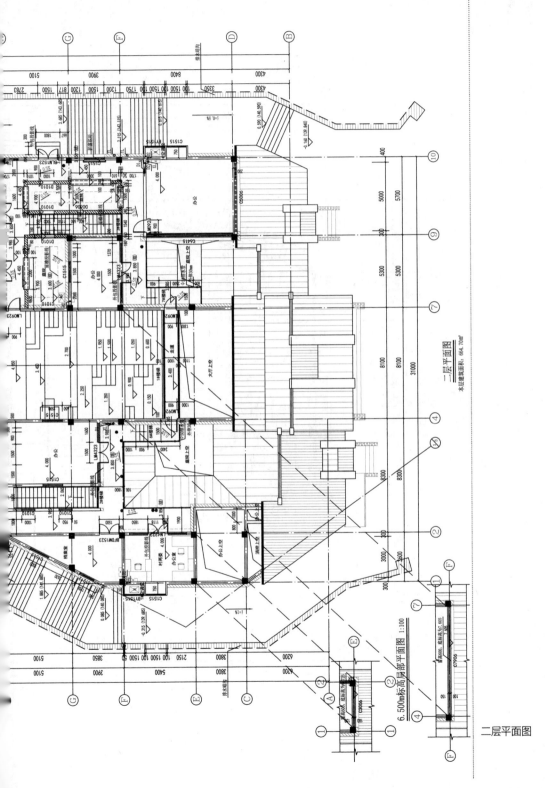

二层平面图

本层建筑面积: 664.70m²

6.500m标高房部平面图 1:100

二层平面图

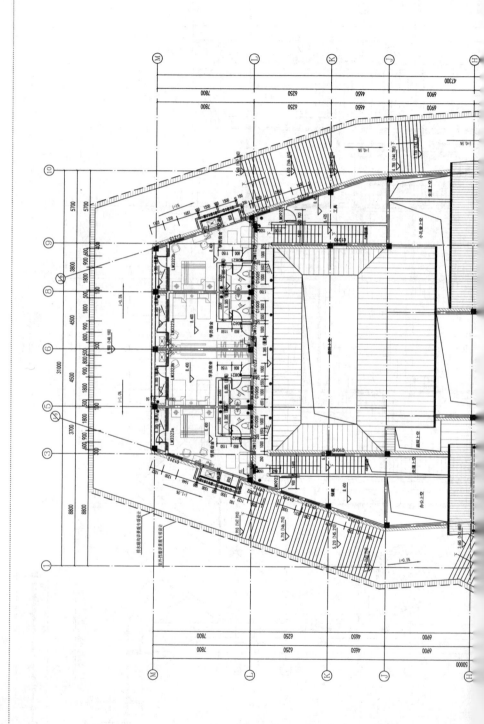

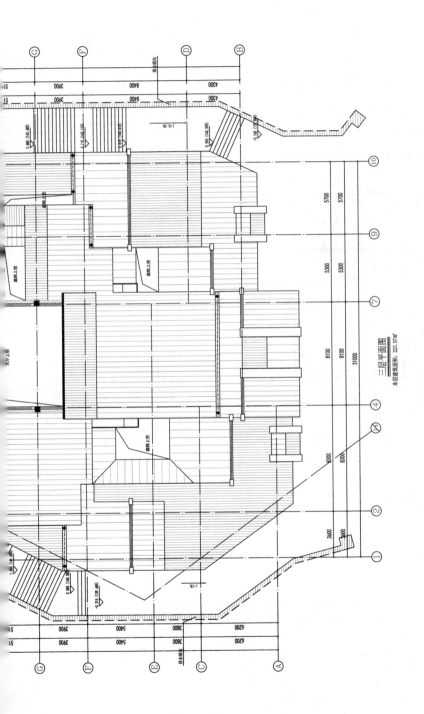

三层平面图

本层建筑面积：223.07㎡

三层平面图

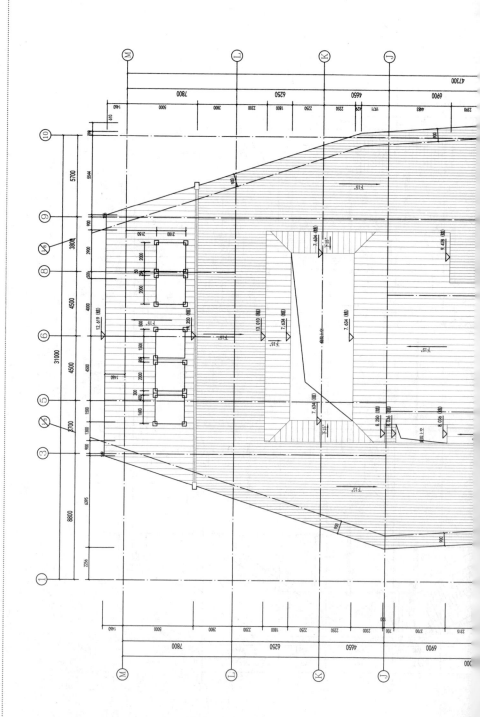

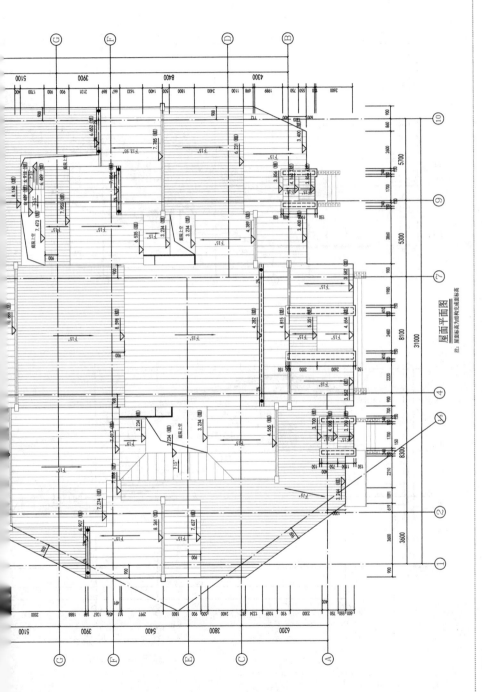

屋面平面图

注：屋面标高为结构完成面标高

屋面平面图

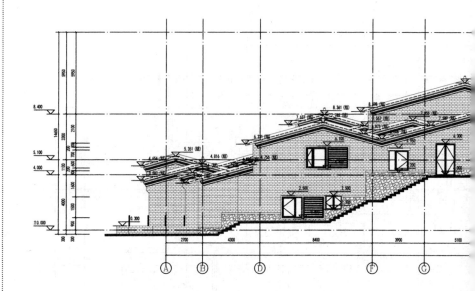

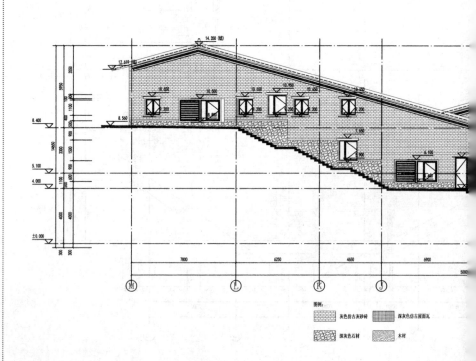

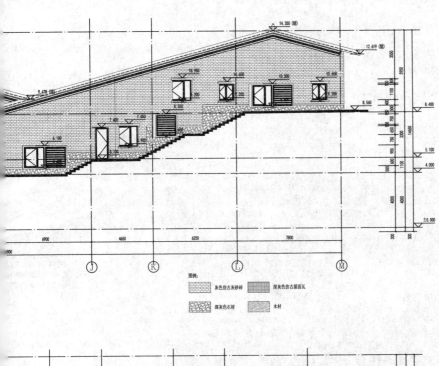

图例:
灰色仿古灰砂砖　　深灰色仿古屋面瓦
深灰色石材　　木材

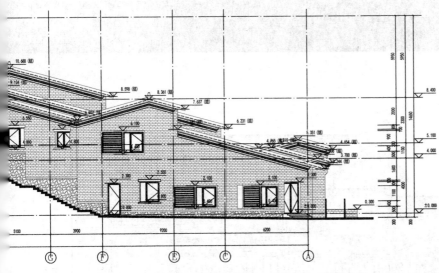

立面图

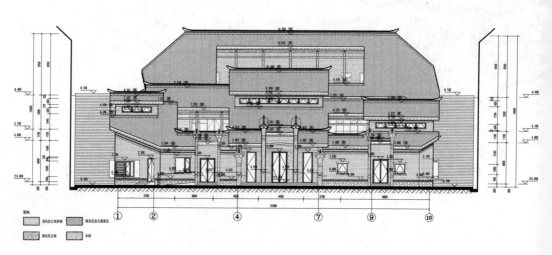

立面图 1

综合服务中心
建设中

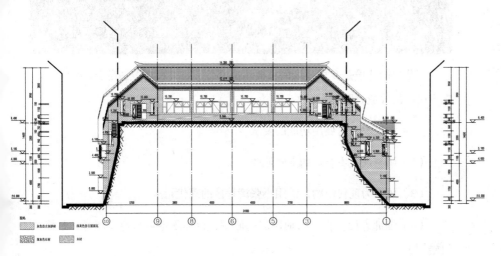

立面图 2

3.6　民居改造

3.6.1　示范户改造

张清远（张家湾搬过来）

颜其献（黄金沟）

东岳水库

颜为德（村委会、卫生所旁）

现状村委会

示范户分布

　　示范户的建设是乡村建设的重要组成部分，也是民居改造部分的切入点。农户民居的改造思路如下：

　　（1）满足农户对使用功能的要求。

　　（2）调整现状不合理的空间流线。

　　（3）风格为现代简约，沿用小张湾片区的现代元素。

　　（4）细部方面，提取当地民居的原型，以体现地域特色（屋脊、封檐、门楼等）。

　　（5）充分调研，一户一设计。

1）颜为德民居

功能：商店 + 农家乐

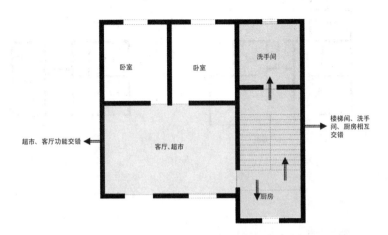

现状室内分析

正立面呆板，太过简陋，没有地方特色，缺少民居风味

原有建筑周围有可拓展空间

一层平面图　　　　　　　　二层平面图

原有建筑平面

新增建筑平面

改造后房屋新增部分

一层平面图　　　　　　　　二层平面图

餐饮区

超市区

居住空间

改造后房屋平面功能布局

效果图

2) 颜其献民居

功能：农家乐

路基挡住了靠
近房屋的光线

杂物间

杂物间　卧室

洗手间

杂物间　餐厅

厨房

洗手间

封闭的院落遮
住了田园风光

卧室　　　卧室

卧室　　　卧室

二楼缺少卫生间

现状室内分析

正立面呆板，没有地方特色，缺少民居风味　　　　　　　　阴暗的室内空间

背立面太过粗糙，围合的院墙挡住了所有视线

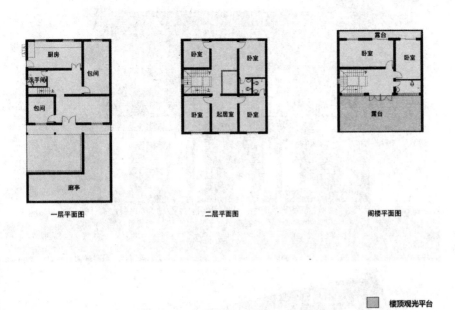

一层平面图　　　　　　　　　二层平面图　　　　　　　　　阁楼平面图

楼顶观光平台
住宿区
经营区

改造后房屋平面布局

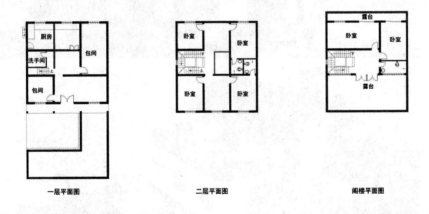

一层平面图　　　　　　　　　二层平面图　　　　　　　　　阁楼平面图

拆除墙面
新加墙体及新开门窗

改造后房屋墙体说明

乡村营造

把农村建设得更像农村

效果图

3）张清远民居

功能：农家乐

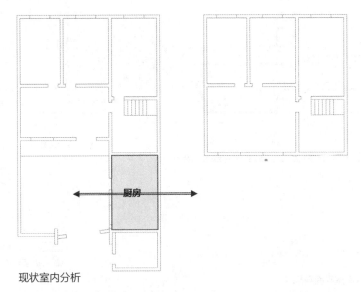

现状室内分析

没有地方特色，缺少民居风味

院落过于封闭

室内过于简陋

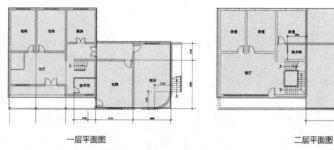

一层平面图　　　　　　　　　　　　二层平面图

注：没有尺寸标注部分为原有建筑，新加建筑轴线依据原有建筑放线；

新增建筑区域

原有建筑面积

改造后房屋平面布局 1

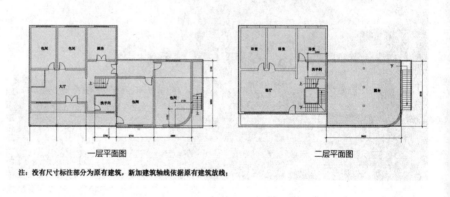

一层平面图　　　　　　　　　　　　二层平面图

注：没有尺寸标注部分为原有建筑，新加建筑轴线依据原有建筑放线；

楼顶观光平台

经营区

自住区

改造后房屋平面布局 2

102

效果图

3.6.2 民居施工图

1）颜仁发民居

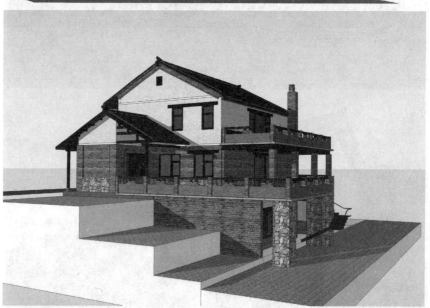

效果图

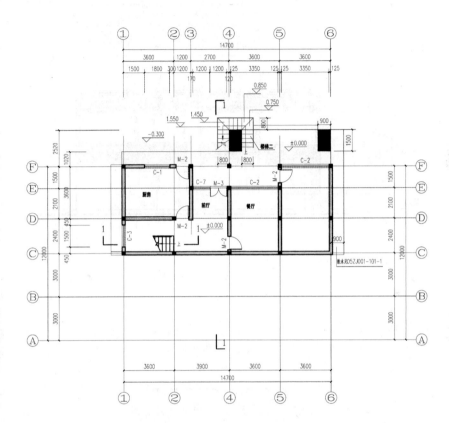

一层平面图

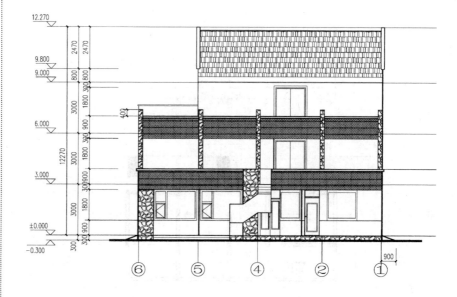

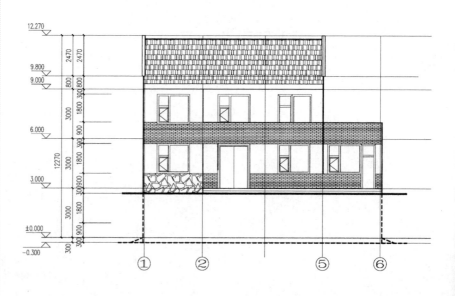

立面图

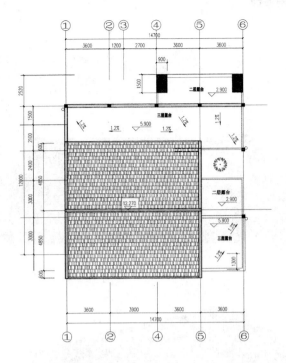

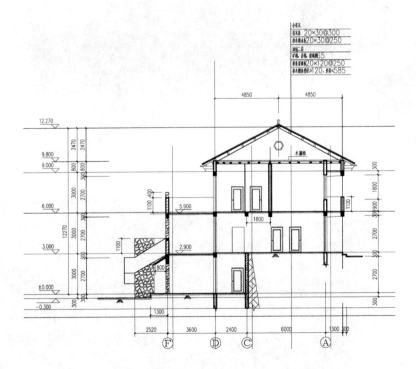

剖面图

107

2）兄弟客栈

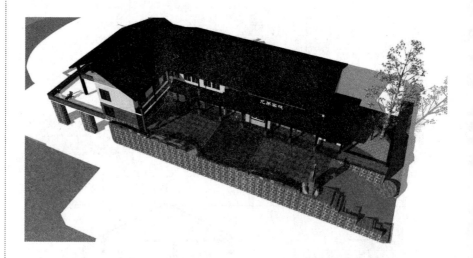

效果图

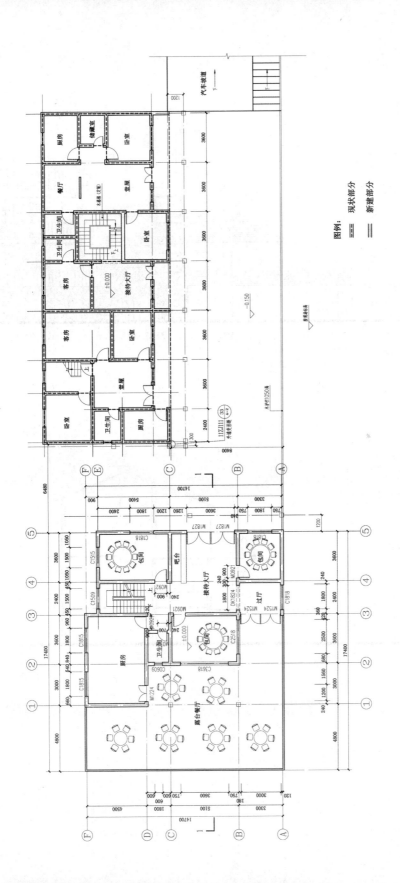

图例：　现状部分
　　　　新建部分

一层平面图

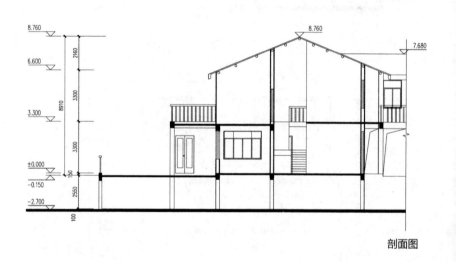

剖面图

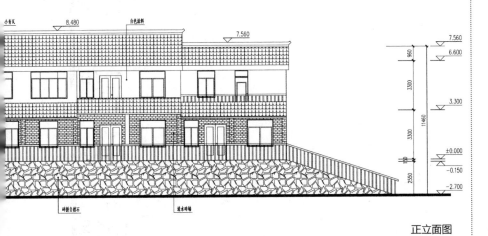

正立面图

楼梯剖面图

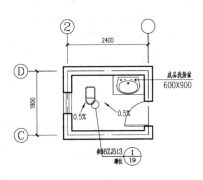

卫生间平面图

111

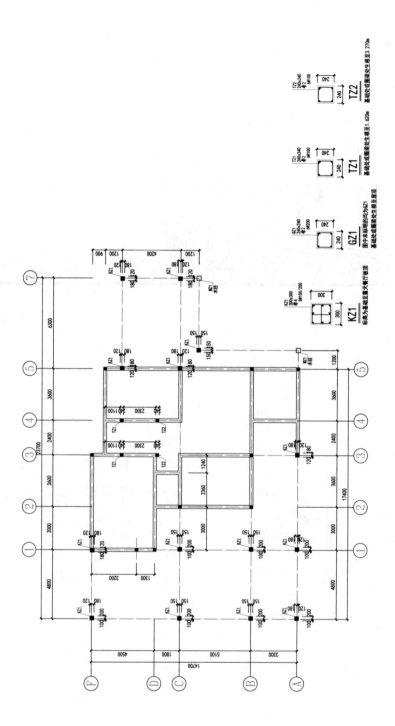

部分施工图 1

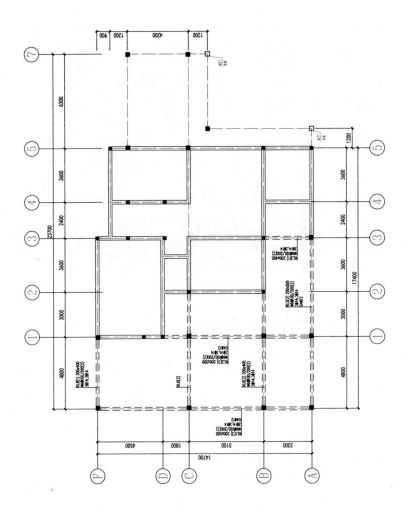

部分施工图2

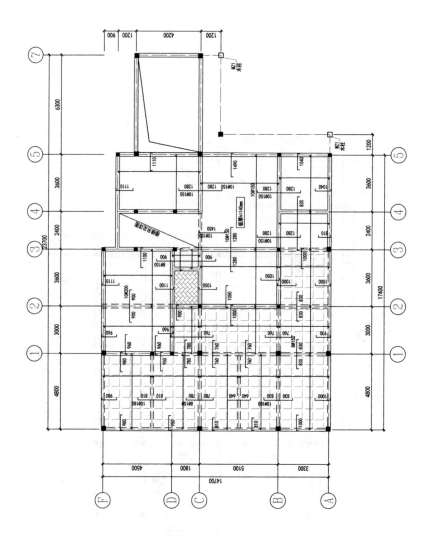

部分施工图 3

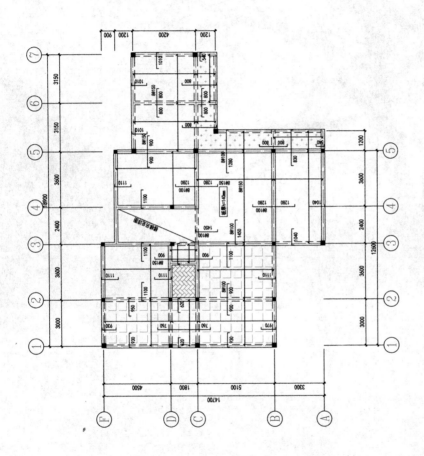

部分施工图 4

115

"书时光"书吧

3.7　古建与旧房改造

下面介绍一下金岭美丽乡村建设实例——金岭村小张湾和黄金沟建设。

3.7.1　小张湾鄂北民居展示区

技术经济指标如下：

总用地面积：30 825 平方米

总建筑面积：4466 平方米

住宿片区：2742 平方米

工作室片区：1724 平方米

绿化面积：15 517 平方米

广场面积：808 平方米

道路面积：2227 平方米

机动车停车位：40 辆

可同时容纳人数：300 人

1）现状情况

改造前的"书时光"

小张湾位于村庄相对居中的位置，前有水塘，背依山峦，这也是大部分村湾的基本形态。

小张湾作为村庄的重要组成部分，老房子十户九空、无人看管，留存下来的也是瓦砾遍地、断壁残垣，闲置废弃多时，整体破败不堪，构件保存不佳，部分建筑为后建，与整体风貌不协调；结构方面，大部分屋面漏水严重，墙体多处开裂、变形，基础存在下沉情况。湾内的人基本搬到更加方便的马路边居住，对这块土地并不是非常看好。破败、荒芜是改造前的小张湾给人的第一印象。

2）策略

古为今用，也许是当下最好的保存方式。这些古宅在修缮完毕后重新进行规划。

经过多方讨论，设计团队认为这片区域是具有浓郁的乡土气息的景观，所处位置对整个村庄形态及村庄的运营有重要影响。针对现场情况，建议村集体将这片小体量民居整体收储，统一规划设计，在现有的房屋结构上进行改造，赋予其新的功能，使其成为村庄重要的对外窗口。改造后的空间既是村民的活动中心，又可以促进民宿发展，兼具文化和商业的功能。

整体采用"手术式"的改造修复方式，保留原有片区肌理；房屋形式和建筑风貌则采用"修旧如旧"的方式，打造集住宿、休闲、文化于一体的乡村旅游驿站。

（1）保护原则：

①不改变民居的基本风貌和建筑布局。

②民居维修遵守"四个保持"原则：原材料、原工艺、原式样、原环境。

③现代材料的使用遵循可逆、隐蔽的原则。

④民居与环境整体性保护的原则。

⑤整体性、原真性、多样性、可持续性。

（2）技术方案：

修复与创新相结合，更新功能，突出对比。

①揭顶重铺，采用与原建筑材质相同的瓦片，使用原工艺重铺，尽量使用

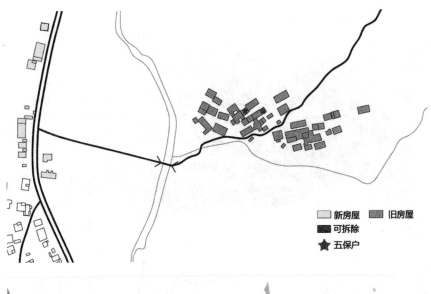

建筑分类

新房屋　旧房屋
可拆除
★ 五保户

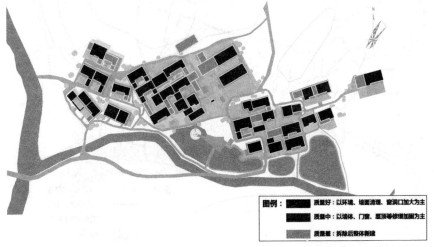

改造策略

图例：　质量好：以环境、墙面清理、窗洞口加大为主
质量中：以墙体、门窗、屋顶等等修缮加固为主
质量差：拆除后整体新建

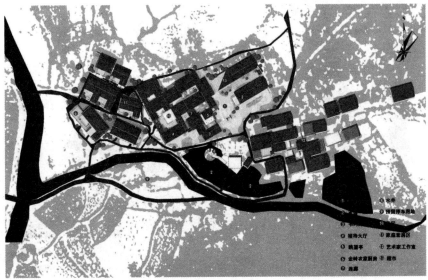

小张湾总平面图

⑥ 水井
⑦ 预留停车用地
⑩ 家庭客房区
⑪ 艺术家工作室
⑫ 超市
① 装饰大厅
② 戏望手
③ 全钢农家厨房
④ 连廊

119

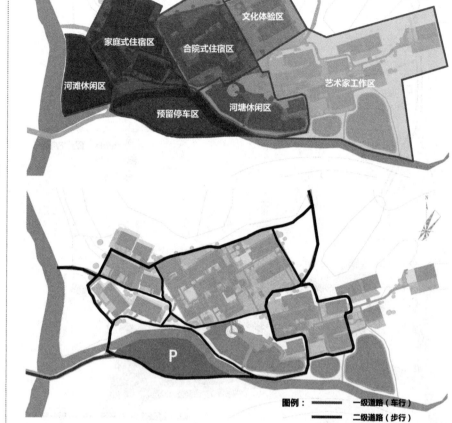

文化体验区

家庭式住宿区

合院式住宿区

艺术家工作区

河滩休闲区

预留停车区

河塘休闲区

功能分区规划

图例：		一级道路（车行）
		二级道路（步行）
		三级道路（巷道）
P		停车场

道路交通规划

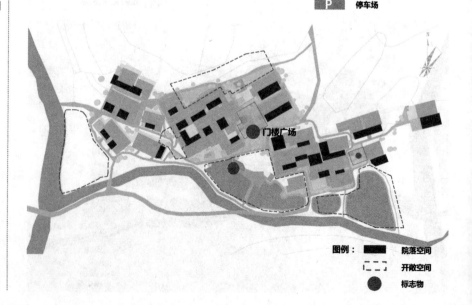

门楼广场

图例：		院落空间
		开敞空间
	●	标志物

开敞空间分布

原有瓦片，按照原形制和风格恢复屋脊等装饰。

② 恢复民居原有的清水砖墙及土坯墙；修复开裂、变形的墙体，尽量采用与建筑青砖规格尺寸相同的旧青砖。

③ 拆除后期加建及改建的部分，恢复建筑原有格局。

（3）改造策略：

① 按照"修旧如旧"的改造思路，修复、加固、重建、保留手工痕迹，"旧

该断面形式为二级道路断面形式，路面铺装以现状石板铺路形式为主，有1.2米、1.5米、1.8米三种尺寸。

二级道路立面图

该断面形式为三级道路断面形式，路面铺装以青砖铺地和碎石铺地，具体铺装形式和尺寸根据庭院设计方案而定。

三级道路立面图

巷道空间

建筑、新结构", 在保证安全的前提下, 把新增的结构隐藏起来。

② 疏通空间, 激活片区。

③ 调整功能, 增加通风、采光, 让老房子"既好看, 又好用"。

④ 扩大河塘, 景观与民居改造相辅相成。

1	接待大厅	5	皮影展厅
2	茶吧	6	餐厅
3	门楼广场	7	客房
4	连廊	8	套房

民宿片区平面图

　　在原有民居的基础上进行修缮和改造，将当地的人文精神和自然景观以及古朴和现代的生活相融合。

3）空间和功能

设计从调整空间格局开始，在尊重现有建筑肌理的前提下植入新的功能，

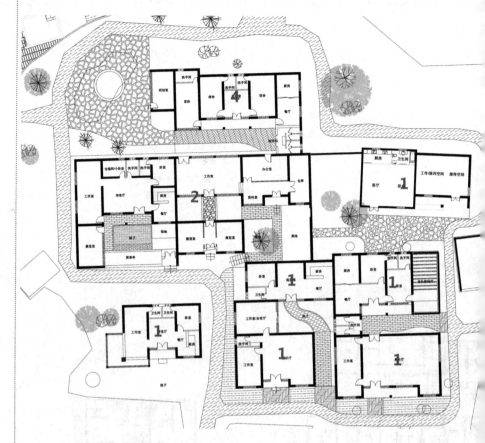

小张湾依山而建，被改造民居按组合形式主要分成三个片区，同时在区域内选择核心部分作为公共活动平面。设计中，所有房屋基本保留原有外形，不破坏村庄的整体形态，运用移除部分隔墙和隔板的手法，将建筑与其所在的空间连成一体，形成流畅的活动流线。院落各有不同，有石板铺的小路，以及散落各处的鹅卵石、石桌、竹子等，设计充满意境。进入小院，有树、有石凳，到了晚上还有射灯，让人感到非常宁静。

小张湾是村庄内最常见的村湾小组，作为完整的组团分布在村内，入口区域努力营造"村头"的感觉，同时打造了一个儿童活动空间。沿着一条羊肠小路，步入其中，42套房屋经过梳理之后，配套设施很完善，有书吧、茶吧、咖啡厅、农家乐等。家庭驿站共有31间客房，家庭式套房16间、标准间15间，还有工作室以及会议室，数量不多，旨在营造一个真正宁静、闲适的空间。

4）结构和材料

改造过程中，延续建筑固有的结构和材料体系，并针对功能需求进行修复和改良。

1　艺术家工作室
2　颜回书院片区
3　小广场
4　宿舍

工作室片区
平面图

建筑外墙质量尚可的墙体，施工队在设计师的指导下对其进行修复。出现倾斜的墙体，通过人工"推拉"及部分拆除的方式进行校正，在另一侧用木头支撑，防止倾斜恶化。当地夯土墙及土坯墙的外墙肌理粗糙颇有质感，体现了乡村建造美学，改造中无须过分涂抹外立面。和外墙相比，内部的木结构腐蚀破损情况比较严重。设计师和经验丰富的工匠一起做评估，决定更换建筑内部的木结构，将现有的屋面梁柱楼板全部拆除，仅保留质量尚可的外墙。更换木结构，采用旧木料，木工师傅一旁独立工作，榫卯结构本身也令构件的更换和组装颇为高效。新换的木构件保持原木本色，并不刻意刷旧，只做防腐处理。这种木结构和保留的墙体相结合，在同一空间里并置，也是老房子改造中生长肌理真实的反映，体现了时间刻度。

屋面改造，相较于村里的传统做法，需要在屋顶上做防水。在木结构上增加木板铺面，按照要求的方式铺设防水卷材，然后铺瓦，既保证防水，又提高了保温性能。瓦片采用的勾瓦为新瓦、盖瓦为旧瓦，保证改造之后民居具有厚重的历史沧桑感。

乡村营造

把农村建设得更像农村

建筑材料再利用

新增结构体系

● 榉树，建议胸径不低于200MM
● 乌桕树，建议胸径不低于120MM
● 李树、樱桃树混合种植，比例为7:3,胸径不低于100MM
● 石榴树、樱桃树混合种植，比例7:3,胸径不低于100MM
● 本地的大树，如香樟、槐树等，胸径最好在300MM以上
● 茶树，本地老茶树
● 蔷薇、月季、海棠，比例6:2:2,海棠种植的地方稍微可以大一点，请选成物
● 凌霄
● 法桐

竹子，建议胸径不低于60MM
常春藤与牵牛花结合，比例为3:7
葡萄树

备注：如果需要快速出效果请采用建议胸径，如果不需要，请结合成本预算购买小胸径植物。

植物配置

地面改造根据功能属性，选用村里常见的材料，进行空间划分。湾内道路大部分采用自然石材进行平铺，增添其乡土气息。庭院内部，部分采用水泥砖，既经济又实惠。通过不同方式的组合，保证其既实用又美观。

5）保护与传承

小张湾现有民居的改造力求尊重和强化当地建筑文化特点，对具有代表性的建筑风格和建筑符号予以保护和传承，不因人为原因使建筑符号消失殆尽而失去特色民居本来面貌。改造过程中，在保护、传承固有建筑符号和建筑风格的前提下，结合周边建筑的风格和形式，重点彰显地域特色。

6）风格与形式

小张湾鄂北传统民居群的部分建筑始建于明朝中晚期，为颜氏家族六十七世祖乐书公所建，是村内保留相对完整且独立的村湾之一。小张湾民居群整体

小张湾门楼实景

小张湾鸟瞰

呈现"框结构、青砖体、土坯墙、石条门、实木顶、黑布瓦、飞龙檐"的建筑风格，充满传统鄂北民居风情。有道是"鄂北风格古门楼，庭院深深曲通幽；鳞次栉比布瓦顶，盘头坐脊屋上秀。挑门抬梁农家院，青砖土坯铭乡愁；皂角古井永相伴，山水田园度春秋"。

小张湾是一处以普通鄂北传统民居形式为主的家庭式休闲驿站，充满鄂北民居风情。经改造、重组、修复的各具特色的老房子，以及错落有致、曲径通幽的院落，将游客带入印象中的"老故乡"。

7）室内设计

传统民居没有方便的现代生活设施，无法满足人们日常生活的需求。根据房屋"适用性改造"的原则，在保证房屋基本外形的前提下，室内布局和设备全部现代化。将这种不破坏原有建筑外观的改造型乡村民宿称为"超五星"，因为星级酒店的空间是公用的，从公共区域来到私密区域，没有院子、客厅这样的过渡空间，但改造类的乡村老屋不同，私密性非常好，拥有很大的院子、

室内实景

1 国学礼仪室　　6 书法认购区
2 国学教课室　　7 颜氏文化展示区
3 国学禅修室　　8 休息室
4 国学书法教课室　9 堂屋
5 书画展示区　　10 厨房餐厅

颜回书院片区
平面图

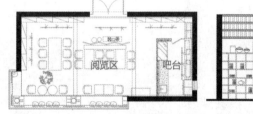

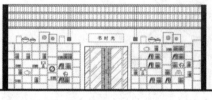

"书时光"书吧
平面图

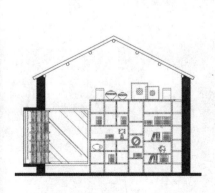

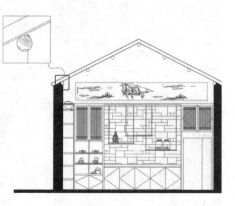

"书时光"书吧
立面图

独立的客厅、视野开阔的露台、创意十足的配饰、柔软的床垫、绿色无污染的食材……带给人们的享受已超过五星级酒店。

8）小结

小张湾片区 42 栋房屋依地势而建，仅用一年时间就完成全部改造。整个建设过程也是一个学习的过程，首先要了解地方传统民居建造，在不破坏传统村落风貌的前提下修缮破旧房屋并植入新的公共功能。新建成的片区很好地融入现有村庄的肌理，成为村庄中一个文化交流、度假休闲的空间，使用率颇高，同时带动了村庄的经济发展。这片破败闲置的房屋被改造成有用之地，村民的认识随之改变，这是建筑设计带来的变化，非常了不起。刚开始，村民对这些闲置的房屋不屑一顾，而现在对它们愈发重视，重新认识了村庄的价值，并树立自信心。这个变化是由内而外的，具有生命力。

改造后小张湾实景

3.7.2 黄金沟文化体验区

1）基本情况

黄金沟位于山谷中，远离其他湾组，幽静、隐蔽，上游有水库，植被良好。村落较小，但相对完整，依山而建，基础条件很好。

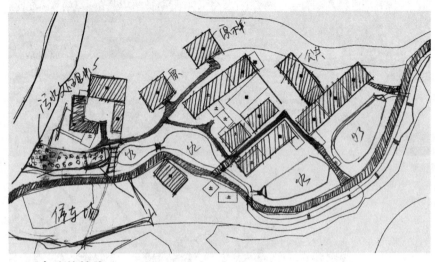

黄金沟现状梳理

2）实施策略

整体规划紧密地结合现实需求。黄金沟的美实际上在于隐和真。尊重本真之美，在此前提下进行梳理和重构，这是最为重要的。这个区域基于现有的良好条件，室内空间无需太多装饰，力求做到舒适、别致。

院落的设计也根据实际情况而策划。小张湾的趣味之处在于院落以及其间的穿行之景。黄金沟一共 15 户，依山而建，好像一个院落，小而完整，如同

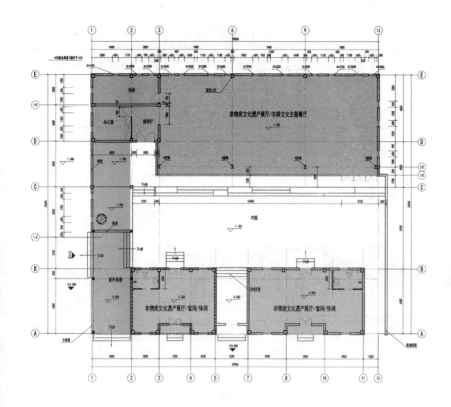

改造后平面图

一个聚族而居的大家族。

3）空间和功能

将黄金沟定位为特色民俗展示区，力求在生产功能的基础上增加公共文化功能，以强调传统文化的价值，使工坊中的生产活动成为生活现场，具有表演性和展示性，既是村庄生产活动的舞台，也是乡村生活、田园诗意的舞台。

改造前的黄金沟

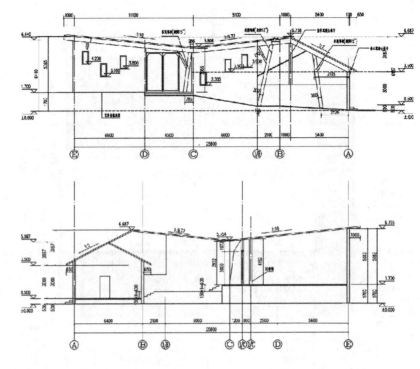

改造后立面图

在黄金沟可以看到一些保留下来的民俗文化、农耕文化，以及具有当地特色的非物质文化遗产展览。民俗文化包括炸冻米、打糍粑、唱皮影、划旱船、钢镰大鼓、织锦带等活动；农耕文化体现在各种濒临消失的农具上，游客可以亲自体验怎样干农活，做一回真正的农民，领略一下脑力劳动与体力劳动的差别。

中心区域的服务区主要提供餐饮休闲服务。该部分南侧保留原有房屋，北侧为餐饮区域，新建面积大，采用钢结构与玻璃营造大空间的就餐环境，形成开阔的空间视野。

改造后航拍

改造后实景

竹子作为当地比较常见的材料引入设计，作为片区内公共空间的建造材料界定空间范围，纤细的竹条整齐地排列成格栅，不仅具有遮阳作用，也强化了"灰空间"的半室外属性。

4）结构与材料

在黄金沟规划设计中，真正意义上的"新建"只有一处，即入口的接待中心。它原为红砖房，是入口处的第一所房子，且位置较高，是形象展示之所。青砖和木材是乡村随处可见的建筑材料。这个新房子主要采用青砖、木材与玻璃，融入环境，创新但并不奇异。其他房子主要是拆除与新建相结合，保留原有部分墙体（质量不错的土墙），所以新建筑需要和保留的土墙相融合。东南侧沿水塘为主要传统民俗展示区，房子体量小，新建部分不大，所以尊重原有肌理，采用土与石头相结合的方式更为合理。

5）室内设计

黄金沟的室内设计基于空间的使用功能，力求打造一个民俗文化展示片区。酒坊、豆腐坊位于其中，除了新增酿酒、做豆腐所需的灶台、水池等设施外，邀请艺术家在室内墙体上彩绘"酿酒制酒""豆腐制作"等画面，展示传统工艺流程，使建筑界面与外部田园风光、农民生产生活画面以及内部的生产过程多重叠加，形成一幅动态的乡村长卷，同时强化了生产的舞台感和表演感。

手工作坊室内实景

6）小结

黄金沟民俗展示区是一个村民与游客共享且兼具生产生活和文化功能的片区，力求推动农旅结合、文旅结合以及第一、二、三产业融合发展，从而激活乡村经济和文化。

村民在传统手工作坊的建设和后期的运营过程中积极参与。手工作坊投入使用后，新的开放空间能够督促使用者养成良好的卫生习惯，改善了传统小作坊脏、乱、差的生产条件，使传统手工作坊走上产业化加工的道路，同时带动相关产业的协同发展。在非生产季节，工坊可以作为村庄的公共文化场所，大空间的主题餐厅作为"喜宴世界"，为村里的年轻人提供结婚的场地。得益于民俗展示区，整个金岭村成功打造了一个"吃——农家饭、住——鄂北民宿、游——花果山、娱——体验传统工艺加工"的游线系统。

3.8 产业 IP

3.8.1 金岭村基本情况

金岭村位于开国大将徐海东的故乡——大悟县新城镇东北部，是大悟县重点贫困村、省委组织部精准扶贫驻点村、湖北省 2017 年美丽乡村建设示范点。村里建有村集体人民公司 1 个，20 公顷以上油茶基地 3 个，光伏发电站 1 座，村级道路通畅率 95%，楼房户达到 70%，饮用安全卫生水的农户达 100%。

3.8.2 项目建设情况

在"旅游乡村建设统领全村发展"的思路指导下，金岭村坚持以人为本的原则，树立全面、协调、可持续的发展观，以产业结构调整为重点，以项目建设为抓手，以旅游乡村发展为载体，打绿色品牌、走生态路线。按照"一年有起色、三年见成效、五年大变化"的总要求，整合力量，高位推进，力争将金岭村基本建成全省"精准扶贫、新农村建设、全面小康、乡村旅游"的示范村。按照金岭村旅游乡村总体规划设计，目前共投入近 4000 万元，完成了观新线（金岭段）旅游公路、小张湾鄂北古民居展示区、黄金沟非遗展馆、观星谷汽车露营地一期、滠水源头生态河谷景观、金凤坡休闲步道、新建水厂、污水处理场、垃圾中转站、村庄整治立面改造、旅游公厕等重点建设项目。

1）旅游乡村项目建设情况

（1）打造小张湾鄂北文化主题区。通过整湾流转的方式，对原有房屋进行一番"手术式"的改造，突出打造"书院文化"主题区。在颜回书院的文化理念引领下，打造一个集民俗住宿、学习自省、陋室简居、箪食瓢饮和情感交流的空间。

（2）打造黄金沟活动体验区。体验区在前期传习馆的基础上进行功能优化，按照前店后厂的格局布置，建设传统手工艺制作坊，打造集群众大礼堂和特色小吃于一体的公共活动空间，形成一个特色产业的聚集区。

（3）打造观星谷汽车露营地运动休闲区。营地以农耕乡愁文化为内涵，因地制宜，打造一个集露营、房车、娱乐、休闲、度假于一体的活动运动空间。一期工程完成民俗酒店、篝火广场、游客服务中心等重点项目，建成帐篷酒店 5 个，房车酒店 3 个，帐篷营位 39 个，自驾车停车位 80 个。二期规划建设卡拉 OK 厅及户外拓展等项目。

乌桕广场商铺

磨子山居酒店

金岭村农家厨房

（4）打造乌桕广场集散中心。广场是一个集商铺、游客接待中心、游乐场、停车场于一体的游客购物休闲集散中心。广场18间商铺由金岭人民公司集中管理运营，营业收入额80%专供贫困户进行受益分配，着重探索贫困户长效收益保障机制。目前，游客接待站已具备信息咨询、住宿就餐预定、农土特产品销售等服务功能。

2）乡村旅游业规划设计方案

（1）设计原则：主题鲜明，特色突出，重点体现"富在农家、乐在农家、美在农家"，把金岭村建造成一个"宜居、宜业、宜游"的幸福家园，以休闲度假游和传统体验游为主线，注重农村氛围，使之成为"看得见山、望得见水、记得住乡愁"的地方。

① 尊重自然：规划设计尽量保留自然特色，充分利用原有的资源和地形地貌，尊重地方人文文化，结合当地土特产的开发，因地制宜地进行规划。

② 绿色生态：全面贯彻生态环保思想，注重保护生态环境和生物多样性，发展生态农业，减少化肥和农药的使用，生产绿色食品，防治环境污染，促进生态良性循环。

③ 乡土文化：挖掘农业文化和民俗文化的内涵，以文化支撑旅游脉络，与广博的乡村饮食文化和厚重的乡土文化相结合，提升乡村旅游产品的文化品位。

④ 四季旅游：根据当地的季节规律和农业资源，推出特色主题旅游，避免旅游景点一年四季一个样。

⑤ 亲历体验：面对亲身体验景点乐趣的旅游发展趋势，必须强化游客的参与性，开发更多的休闲娱乐项目，体验乡间乐趣，吸引更多游客。

（2）意义：充分利用农村旅游资源，调整和优化产业结构，拓宽农业功能，延长产业链，增加农民收入，促进农村自然资源和人力资源整合与增值。鼓励当地农民参与投资、经营旅游业，实现"脱贫奔小康"的目标。发展乡村旅游，有利于保护乡村生态环境、改善卫生条件、推动环境治理以及村庄的整体发展。

黄金沟活动体验区

汽车露营地

141

（3）乡村旅游项目：休闲度假游和传统体验游。

休闲度假游：

① 小村故事短线游：围绕"金鸡传说"的故事，打造六个游览小景点，编写"导游解说词"，以张家湾为起点，寻镇鸡桥、访照鸡寺、登金鸡岭、探寨鸡沟、游寨鸡山。

② 四季花果观光游：营造"天蓝、地绿、水清、花美、果香"的乡村意境。桃子、梨子、杏子、蓝莓、樱桃、猕猴桃等水果可以作为经济作物，形成板块种植，也可点缀在田埂、地边、垄沟及丛林之间，可观赏、可采摘，春华秋实，四季花果飘香。

③ 驿站小院特色游：重点打造张家湾水库农场农庄、夏家田、小张湾农家小院。为游客提供完善的生活配套设施，以及多样化、多类型、本土化的服务，使游客置身大山之中，尽享自然之美、农家风情；营造一种全方位的沉浸式体验，使游客充分融入金鸡岭山水乡间。

传统体验游：

① 农场采摘观光游：农场采摘观光主要体现"亲历性"。在不同的季节均可赏花采果，享受与城里不一样的乡村度假方式。

② 传统农耕体验游：建造农耕博物馆，展示传统农耕器具，了解农耕生产过程，安排一些农耕劳动互动节目，从观摩到体验，让游客亲历其中。

③ 民风民俗体验游：开展乡村民俗文化表演活动，以唱楚剧、踩高跷、玩龙船、舞龙灯、钢镰大鼓、皮影戏等传统乡村文化为载体，传承忠孝礼仪，彰显淳朴民风。

（4）旅游产业六要素："吃、住、行、游、购、娱"。

① 吃——传统地道乡菜。编制金岭菜谱，将"三道点、五荤席、金岭家宴"端上餐桌，量身定做"金岭全席"。

② 住——拙朴宁静乡居。住乡村小院，找到老家的感觉，体验"管家式"服务，饮食卫生、洗浴设施、冷暖空调、实木家具、土布床单都体现出乡土气息。

③ 行——金鸡乡径。行乡间路，听传奇故事，访"金鸡传说"足迹。饱览

我在金岭有块田

花果山补植果树

民居民俗，感悟农耕生活，徜徉在花山果海之中，记住最美丽的乡愁。

④ 游——观赏田园风韵。观位于大悟县中部的"花果山"，看滠水源头之一的"花谷香溪"，感受宜居、宜业、宜游的美丽乡村之景。

⑤ 购——绿色健康特产。客观、真实地展现自然乡村的本来面目，强调回归自然、返璞归真，使现有的农产品成为当地旅游购物市场的经常性、持续性的产品，策划金鸡岭禅茶文化节、夏家田生态农副产品购物节。

⑥ 娱——农耕文化体验。注意"土洋结合"，将钢镰大鼓与歌舞晚会相结合，将皮影戏与篝火晚会相结合。

与此同时，拓展传统旅游六要素，将其概括为"商、学、养、闲、情、奇"。"商"指商务旅游、综合服务中心的建设，含有各种规模的会议室，可以承载各类商务活动及公司团建，同时小张湾、黄金沟以及汽车露营地可以为商务人士提供住宿、餐饮、休闲、娱乐的场所；"学"是研学旅游，金岭村环境优美静谧，远离城市喧嚣，是修身养性的好地方；"养"指养生旅游，包括养生、养老、养心、体育健身等健康旅游新需求、新要素，观星谷汽车露营地、小张湾、黄金沟都是养生旅游的好去处；"闲"即休闲度假，聚焦于金岭村的小村故事短线游和驿站小院特色游；"情"指情感旅游，将金岭村的"花果山"和"花谷香溪"打造成极具特色的婚纱摄影基地和摄影爱好者聚集地；"奇"指探奇，建设张家水库周边的环形自行车赛道，结合小村故事短线游，让游客深度体验徒步、登山、骑行、探险的乐趣。

3）生态农业规划设计方案

（1）发展生态农业的意义。生态农业是农业生态经济复合系统，将农业生态系统与农业经济系统相结合，以取得最大的生态经济整体效益。生态农业是农、林、牧、副、渔各业综合起来的大农业，也是农业生产、加工、销售综合起来的现代农业。通过食物链网络化、农业废弃物资源化，充分发挥资源潜力和物种多样性优势，建立良性物质循环体系，促进农业持续稳定发展，实现经济、社会、生态效益的统一。

（2）生态农业的特点。

① 综合性：生态农业强调发挥农业生态系统的整体功能，以大农业为出发点，按"整体、协调、循环、再生"的原则，全面规划，调整和优化农业结构，

乌桕广场前荷花池

花果山补植果树

145

提高综合生产能力。

②多样性：充分吸收传统农业精华，结合现代科学技术，以多种生态模式、生态工程和丰富多彩的技术类型装备农业生产。

③高效性：生态农业通过物质循环、能量多层次综合利用和系列化深加工，实现经济增值，实行废弃物资源化利用，降低农业成本，提高经济效益，为农村大量剩余劳动力创造就业机会，提高农民的积极性。

④持续性：保护和改善生态环境，防治污染，维护生态平衡，提高农产品的安全性，增强农业发展后劲。

（3）生态农业：生态种植和生态养殖。

生态种植：经果、苗木、花卉、茶业，按照由远及近、由上至下、由高至低的视觉层次布置。第一层：实施以大青山为背景的森林绿化。第二层：以青茶和油茶基地为主，点缀桃花、梨花、杏花等高冠经木。第三层：将"金鸡河"升级为"花谷香溪"，将农田划分成为农民增收的责任田，可选择种植花卉苗圃、蔬菜瓜果等。

①水果：

月份		观赏	采摘
春	3月	桃花、梨花、杏花、油菜花、樱桃	草莓、茶叶、蔬菜
	4月	杏花、油菜花、杜鹃	茶叶、香椿、蔬菜、油菜花
	5月	杜鹃、石楠、月季	樱桃、茶叶、香椿、珍珠花、蔬菜
夏	6月	石榴、紫薇、月季	杏子、樱桃、黄桃、蔬菜、瓜果
	7月	水稻、青菜、油茶	杏子、黄桃、蔬菜、瓜果
	8月	水稻、青菜、油茶	黄桃、猕猴桃、蔬菜、瓜果
秋	9月	水稻、桂花、月季	猕猴桃、石榴、梨子、银杏、蔬菜、瓜果
	10月	桂花、乌桕、月季	银杏、石榴、梨子、油茶、板栗、蔬菜、瓜果
	11月	金边黄杨、枫树	无花果、油茶、蔬菜、瓜果
冬	12月	金边黄杨、枫树	无花果、蔬菜、瓜果
	1月	蜡梅、杉树、柏树、松树、竹、迎春花	草莓、蔬菜
	2月	蜡梅、杉树、柏树、松树、竹、迎春花	草莓、蔬菜

②青茶种植：夯实产业基础，加快现代化茶园建设。出台加快茶树良种发展的有关政策，调动茶农发展良种茶的积极性。加快茶园基础设施建设，推进老茶园更新改造。优化茶园结构，在茶园中普遍安装喷灌、防霜冻等设施，进

茶叶基地

一步提升抵御自然灾害的能力，建设一批道路园林化、治理机械化、产出高效化、品种良种化的现代茶叶示范园区，提高品牌意识，增强示范与辐射功能。

全面推广标准化生产，以适用技术的推广为切入点，规范茶叶生产、加工、销售的全过程，加速实现茶业标准化。大力推广剪采、施肥、治虫、加工的机械化，推广立体摊青、智能化摊青、无烟尘加工新工艺，努力实现茶叶生产的全程机械化，同时将设施栽培技术引入茶叶生产领域，应用计算机控制技术调节环境条件，最大程度地提升茶叶生产效率。

③ 油茶种植：油茶为多年生常绿小乔木，是我国特有的木本油料树种，主要分布在我国南方省区，专家称之为"天赐中国"。茶油由油茶的果实精炼而成，因富含不饱和脂肪酸、甘油酯及各种维生素，具有清热降火、清肝明目、延年益寿之功效，是理想的高营养、低热量的高档保健食用油。近年来国际粮农组织已将茶油列为重点推广的健康型食油。中国的茶油品质经美国白宫卫生研究院和中国疾病控制中心检验确认，均优于世界公认的橄榄油，被誉为"东方橄榄油"。

生态养殖：

① 家畜养殖：激活市场，创金鸡岭自己的品牌。土金鸡、黑毛猪、金鸡岭山羊等都可以采用生态养殖的方法，通过旅游来传播"金鸡岭"品牌。

② 水产养殖：生态优先，用品牌提升渔业效应。金岭村水面面积不大，先天条件比不上大库区，传统渔业无市场竞争优势，应走差异化发展的道路，可借助小麻鱼、小河虾、泥鳅、黄鳝等小而精的特色渔业来抢占市场。

4）基础设施建设情况

2016年度投入近300万元，完成农户住房因势就形立面改造26户，新建景观亭4座，栽种绿化风景树2000余株，改造拓展了观新线至老磨子沟道路2.3千米，新建改造桥梁、塘堰14处，新增变压器4台，新建光伏发电厂1座，新建自来水厂1个，村容村貌大为改观，群众的生产生活条件发生显著变化。

5）绿化美化实施情况

依据规划，大规模实施"绿满金岭"工程。已实现荒山绿化全覆盖，共植树54.8万株共约470公顷，包含油茶约67公顷，山桐子约10公顷，青茶约27公顷。公路绿化4千米，包含湿地松43.2万株，果树7489株，风景树（含行道树）6797株，油茶8万株，枫香1万株，山桐子1.2万株。

6）村庄环境整治开展情况

深入开展村庄环境整治大会战，力求村容村貌发生显著变化。在"垃圾不出村、变废为宝"的理念下，建设群众休息亭5个，修筑篱笆墙3.2千米，拆除旱厕32个，建设公共厕所5个，群众生活环境得到明显改善。成立卫生保洁协会，每年投入资金10万元，用于清扫保洁、垃圾清运，确保村内环境卫生干净整洁。同时，为使村民生活水平和生活质量同步提升，加强美丽乡村项目建设的宣传教育，建立"金岭广播站"，每天定时播放美丽乡村建设理念和方法，更新群众观念，使美丽乡村建设意识深入人心，美化村貌、美化人心。

7）基础产业发展情况

（1）发展基础种植产业。已完成油茶种植8万株共约67公顷，其中山桐子1.2万株约10公顷，青茶基地三处约27公顷，蔬菜示范园约1.3公顷，小张湾旁荷花池栽种约1.7公顷。发展光雾山林果园区采摘园，种植桃、李、杏、梨等果树3万余株，基础产业不断得到夯实。

（2）扶持兴办旅游产业。通过旅游乡村的建设，引导群众发展服务业。2016年对农家乐及农家客栈进行奖补，农户投资在5万元以下，政府奖补

村湾闲置资产激活

村湾绿化情况

90%；农户投资 5 万~20 万元，政府奖补 70%，积极引导、扶持群众发展旅游服务业。

（3）发展光伏产业。投资 80 余万元，建成 100 千瓦的光伏电站，年发电量 9500 度，现已并网，每年可为村集体带来 10 万元的售电收益。

4 生态乡村

新建山野休闲亭

4.1 生态河道设计

4.1.1 河谷环境现状

（1）环境印象。

主要河道自北向南流经村庄，两侧支流汇入金鸡河，山上水库众多，山下水塘密布。

主要河流和支流水质清澈，但靠近居民区的水塘受污染严重、水质浑浊。

河道内，生活垃圾堆砌、水质被污染。

（2）场地的生态问题主要体现在以下三方面：

① 水环境恶化：生活污水直接排入河道和坑塘，造成水质富营养化严重。

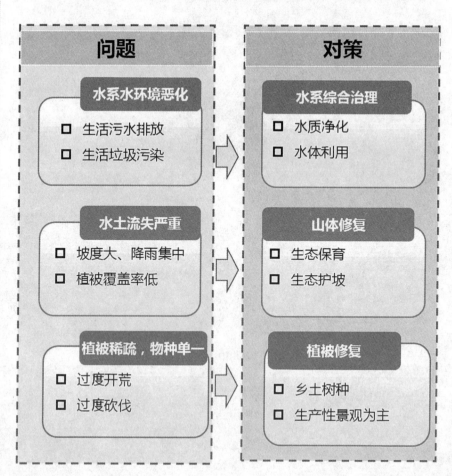

大量生活垃圾堆砌在河道边、水塘里，严重污染水质。

②严重的水土流失：疏松的沙土土质、高陡的地形、裸露的地表造成大量的水土流失。

③植被稀疏，物种单一：过度开荒与砍伐造成山体植被覆盖率低，物种过于单一，不利于生物多样性的营造，同时加剧了水土流失。

改造前河道

（3）通过水资源、土地资源、植被的合理规划，解决场地的三大生态问题。

① 水系综合治理：梳理自然的水循环系统，净化水质，建立湿地，让雨水留下来，将自然用水融入村民的生产与生活。

② 植被修复：恢复山体的植被，改善水土流失的现状，选择耐旱的乡土物种，以水土保持为目的，进行合理的植被种植恢复。

③ 山体修复：雨水蓄积利用，通过节水灌溉和中水回用，节约用水，提高用水效率。

4.1.2　水系统综合治理

1）水系统梳理

地表径流通道是雨水排泄的重要路径，根据数字高程进行径流模拟，确定潜在的雨水汇流通道，与现状水系统形成网络状水系廊道。

2）完善综合水系统

（1）分析潜在滞水区，形成自然湿地，让水流"慢"下来，作为游憩及

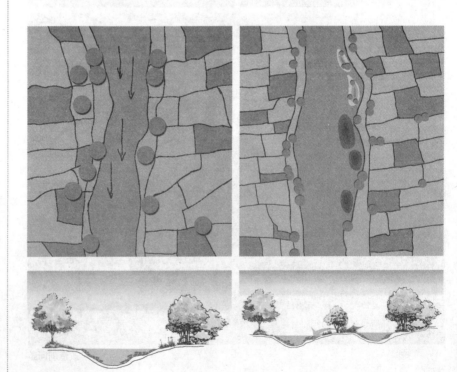

河道平面图
改造前（左图）
改造后（右图）

河道剖面图
改造前（左图）
改造后（右图）

生产生活用水。

（2）结合自然村位置，选择合适的污水处理点，叠加污水处理点及生态水系廊道网络，构建完善且综合的水系统网络。

打造生态、自然的景观河道，以平缓的地形变化来降低水流速度，减少泥沙冲刷，从而有效防止水土流失。

滞洪湿地可以将更多雨水滞留在当地，缓坡地形适合水生植物的种植，净化水土，改善其生态环境。

通过地表潜在径流分析与现状水系相结合，最后形成金岭村的水系廊道。

地表潜在径流分析

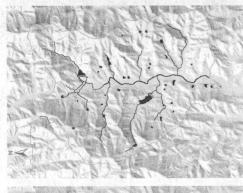

水系

水系廊道

3）河道整治设计

（1）综合设计：统一规划河流廊道及坑塘水渠的位置。

（2）分段治理：分段标注河道岸线范围、护坡类型、游憩道路走向、乔木种植等，分段治理，便于施工。

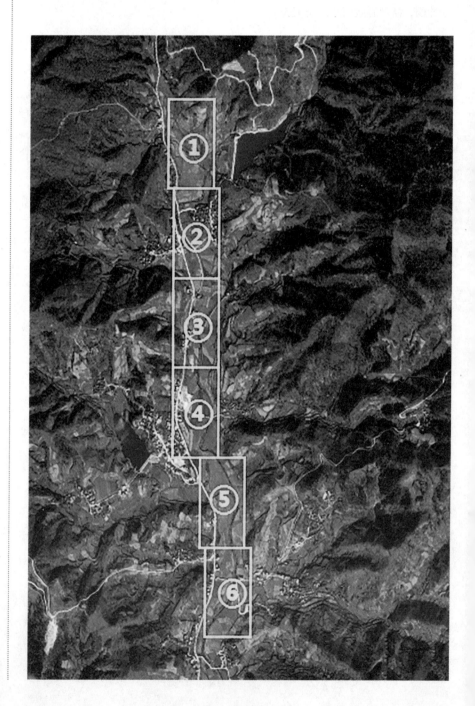

河道整治
分段示意图

4）生态护岸

干砌石护岸
（当地做法）

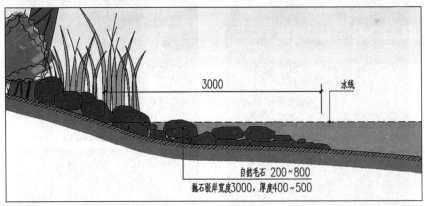

自然毛石 200~800
抛石驳岸宽度3000，厚度400~500

抛石护岸

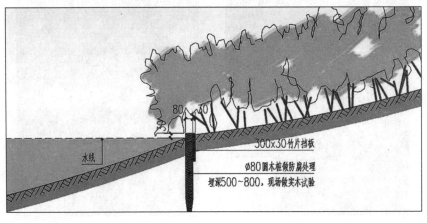

300x30竹片挡板
Ø80圆木桩做防腐处理
埋深500~800，现场做实木试验

木桩与柳条护岸

5）河道清淤说明

河道清淤的深度统一为低于现状水平面的 60~80 厘米。

所有堰体的长度与水下部分深度根据现场实际情况确定。

6）河道说明

河道 1 段位于河道上游位置，沿河的田埂路及河岸保留自然状态。

河道 2 段：有 7 座桥、堰，8 处补植。

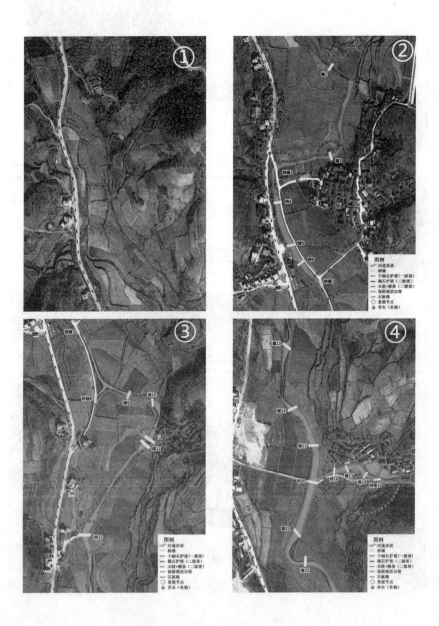

河道 3 段：有 5 座桥、堰，3 处补植。

河道 4 段：有 10 座桥、堰，3 处补植。

河道 5 段：有 1 座桥、堰，2 处补植。

河道 6 段：有 4 座桥、堰，1 处补植。

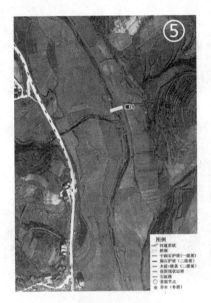

分段设计方案 2

新建堰实景 1

生态乡村

把农村建设得更像农村

新建堰实景2

新建堰实景3

新建风雨桥实景

4.2 山体修复整治

4.2.1 山体改造设计

采取有效措施，恢复植被并增建护坡。

改造前剖面图

改造后剖面图

改造前实景

改造后效果图

4.2.2　植被修复

1）植被现状

（1）植被覆盖率低，物种单一。

（2）海拔高度 150 ～ 200 米间的低丘区，主要是经济林（乌桕、油桐、油茶等），河谷阶地大都辟为农田，种植水稻、花生、小麦等作物。

（3）海拔 200 米以上地区的植被多为马尾松、栎杂林及低矮的灌木丛。

（4）受到生产活动与自然灾害的影响，天然植被已被次生和人工植被所代替。

2）植被恢复

生态恢复理论认为，由于自然灾害和人为干扰而损害的生态系统，通过人为控制，生态系统将会发生明显变化，会产生以下 4 种可能：

人工干预结果对应

人工干预结果	植被性状	评价
恢复	恢复到未干扰时的原状	植被群落以单一优势种为主，组成结构简单，生物多样性弱
改建	重新获得部分原有性状，同时获得一些新的性状	原生生态系统得到保护，生物多样性丰富，景观类型多样，生态服务功能增强
重建	获得一种与原来性状不同的新的生态系统，远离初始状态	地带性植被类型消失，原生生态系统遭到破坏
恶化	不合理的人为控制或自然破坏导致生态系统进一步受到损害	生境退化严重，生态环境恶劣

通过比较，场地植被修复以"改建"为目标，在构建地带性植物群落、保持水土功能的同时，增加植物种类、丰富生物类型、增强生物多样性，促进乡村发展，提高生态服务功能。

植被修复是改善场地生态环境、实现水土保持的最重要的措施，规划以水土保持为核心，通过植被修复和改建，恢复自我更新的植被系统，打造生产性河谷景观，增强物种多样性，促进生态系统健康、可持续发展，提升生态服务功能。

改造前山体

河道两侧
补植树木

游步道两侧
补植树木

3）植被修复原则

（1）适地适树。选择合适的植物种类和材料，选取耐旱、耐贫瘠、水土保持能力突出的乡土树种和花卉。

在综合考虑坡向、坡位、坡度、土壤类型等生态因子特别是水分承载力和容量本底值的基础上，确定植物种类、配置结构、种植密度以及种植方法。

　　（2）生产性景观。靠近河谷地区的植被种植，以当地生产性作物为主，与其他乡土树种混合种植，营造与生产、生活息息相关的多样化生产性景观。

4.3 环境整治

4.3.1 村落环境现状

1）环境印象

聚落分散，设施缺乏，农田撂荒，生态被破坏，村庄凋敝，建筑闲置，山体被破坏，水土流失，垃圾遍地。

整治前，典型的
"脏乱差"

2）整治思路

村庄环境整治规划是以村庄的实际情况为基础，对村庄的村容村貌进行规范的整治，合理布局环卫设施和市政管网，提升整个村庄的环境质量，具体采取以下几种措施：

（1）拆除村庄中的围墙、危房、简易房等现有建筑。统一现有建筑的风格，通过改坡屋顶、立面处理等方式对民居形式进行整治统一。

（2）对农村生产设备、生产原料和生产废料随意存放的情况进行清理规整。

（3）对现有环境进行整体的景观设计，使庭院景观与民居改造相辅相成。

3）村湾环境整治

磨子沟环境整治情况：

磨子沟重点
整治范围

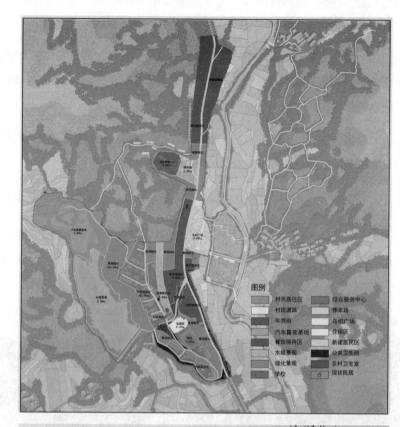

功能分区

改造前效果图 1

改造后效果图 2

改造后的街景

改造后的普通民居

改造后的农家乐

黄金沟及大张湾环境整治情况：

黄金沟整治节点位置　　　　　　　　　　　　张家湾整治节点位置

黄金沟整治节点

张家湾整治节点 1

张家湾整治节点 2

张家湾整治节点 3

张家湾整治节点 4

湖边步道

171

4）田埂路改造设计

特点：环境最低干预，运用乡土材料，采用当地做法，满足游览需求。

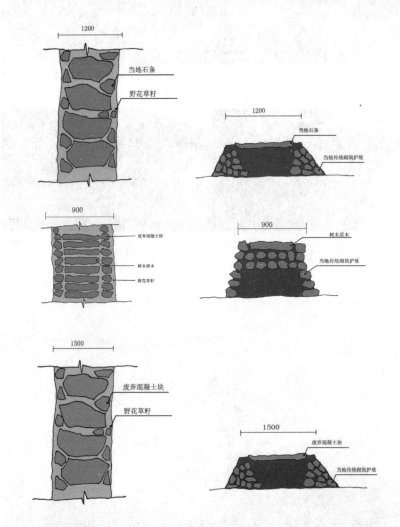

田埂路做法 1

田埂路做法 2

田埂路做法 3

5）水塘的修复

修复塘 1

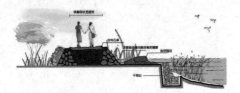

修复塘断面类型 1

修复塘断面类型 2

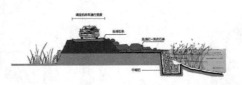

修复塘断面类型 3

修复塘 2

修复塘 3

修复塘 4

173

5 落地与实施

施工方对拆下来的旧材料进行整理

5.1　施工方在乡建当中的重要性

乡村建设中，施工方的作用非常重要。俗话说，裁缝是三分裁七分做，中国画是三分画七分裱，乡村建筑是三分设计七分工。那么，施工方应该具备哪些素质和条件呢？

（1）施工方必须有工匠精神。

在过去，传统建筑没有设计图，全凭口传心记，用口诀完成中国传统村落建设，以功能与文化来设计建筑。建筑的核心是敬畏自然，即守护传统，视自然为神灵。

而乡村建筑也有自己的讲究，无论是场地选择、空间布局还是材料表现都应具有很强的地域性，同时传统建筑大部分是靠人工建造的，没有现代机械的干预，每一个建筑都花费了大量的时间来精雕细琢，所以呈现出来的结果近乎完美，并且是具有温度的实体，乡村真正好的建筑需要人工慢慢地打磨。

（2）施工方必须熟悉当地的建造文化和建造语言。

乡村建设的内容有其地域性。每个地方的民居都有其自身的特点和基因。设计师可能对当地人的生活习惯、民众需求不太了解。项目施工有一个障碍，全国到处都有施工队，但往往不容易找到一支理想的施工队。有很多市场体制下管理乱、不严谨、技术要求低的队伍，例如会简单修条路、建个房子、建个平板桥，就拉起队伍，组建一支施工队。

（3）施工方必须好好配合设计人员，并服从管理。

设计与施工好比一个人的左手与右手，设计指导施工，施工实现设计，二者相互影响、相互依存。再优秀的设计也需要施工来表达，施工则需要设计不断指导。设计人员需要学习施工方面的知识，优秀的设计人员首先应该是一名懂得施工的人员。建筑设计的首要目标是确保施工落地，不能忽略建筑的可实现性。设计、施工都是创造性的工作，施工人员不能凭经验主义，按图施工是最基本的要求。

5.2　建筑材料

乡村建筑中，对于材料的需求，很多时候是就地取材，材料对于最终呈现的建设效果起着至关重要的作用。

在金岭村建设项目当中，始终坚持最重要的原则即"原汁原味"，延续冷摊瓦、老青砖、土坯砖、抬梁木屋架、防腐、防虫、漆作等传统材料和传统做法，包括做旧的处理。

在这个过程中，向当地人和老工匠学习，针对当地材料，认真调研，最终统一做法，打造传统民居的风貌，让每个片区最大程度地恢复传统风貌，同时使其具有历史沧桑感。

材料是拒绝装饰的，只有展示本身的质感和特点，建筑才有灵性。比如，在木材处理方面，只是涂上清漆，再加上浅浅的咖啡色漆，同时进行防腐处理即可，旨在保持木头原有的纹理和色彩，以及木结构的原貌。

整个建设项目所用到的青砖和土坯也很有特点，这种极其"接地气"的材料现在反而成了"奢侈品"。根据设计原则，在拆除房子时留心，尽可能地人工拆除，保留下旧材料，分类整理，以便后用。即使这样，也还有很大的缺口，所以只能在当地回收。如果无法达标，比如旧砖，那么专门在砖上做切割，对那些坑坑洼洼、不平整的地方进行切割之后，砌筑出来的清水砖墙才更有味道。

恪守原则，尊重在地化特点，严把材料关，保证最终的建设效果。

传统建筑材料的再利用

5.3　项目周期

　　整个金岭村的项目建设中，小张湾的建设贯穿始终，以此为核心展开施工。黄金沟、乌桕广场、磨子沟、汽车露营地、河道整治、山体绿化、景观节点、山上游步道等建设内容，同步施工，协同作战。高峰时，整个村庄有19支不同类型的施工队伍同时施工。

　　成立指挥部，挂牌作战，明确节点，前期紧紧围绕"开园"目标，参与人员众志成城，终于在2016年11月1日顺利"开园"。这个节点标志着金岭旅游乡村项目已经具备基本的旅游接待功能，届时向外推介。

　　从2016年4月至2017年5月，项目建设（包括后续完善以及运营体系的搭建）全部完成，这令人出乎意料。持续一年的时间，集中所有精力在同一个项目上。当然期间也遇到了很多的问题，比如同时开工项目过多、精力有限，建设过程中遇到村民的阻挠，遭受当地几十年不遇的大雨等问题。然而，大家最终还是坚持了下来，坚持就是胜利，最终呈现的效果令众人满意。

　　小张湾的建设历程：经过8个月的施工，克服炎热和多雨等各种不利因素，42栋主体加市政工程全部完工，建设高峰时施工队人数达200人。

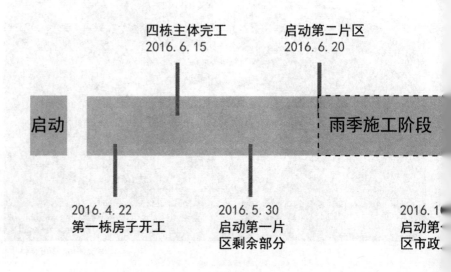

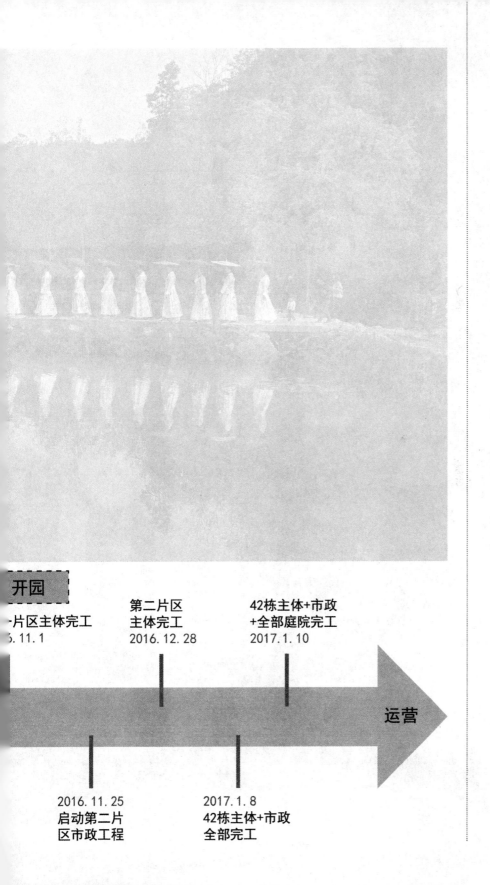

开园

一片区主体完工
6. 11. 1

第二片区
主体完工
2016. 12. 28

42栋主体+市政
+全部庭院完工
2017. 1. 10

运营

2016. 11. 25
启动第二片
区市政工程

2017. 1. 8
42栋主体+市政
全部完工

6 手记

小张湾门楼水彩画

6.1 设计小记

6.1.1 一路走来

初秋的小张湾

机缘巧合下成为金岭村项目建设的驻场设计师，随着时间的推移，感觉到这件事好像成了……

辗转反侧，看着建设前的村庄旧照，恍如隔世，经过不到一年的建设，村庄发生了脱胎换骨的变化，让我感到所有付出是值得的。在建设过程中，由于整天忙于细节工作，体会并不全面且不成体系，即使每天坚持写东西，但都是碎片化的。有时想写，却总是写写又放下，总觉得不够火候，要说的话还没有说出来，词不达意。现在反思整个建设过程，翻看日记，有了更深的体会，有必要将一点一滴记录下来，让更多的人来了解、借鉴。而这次写的，算是一点心得吧。

据不完全统计，历时一年的建设过程中，我至少有 280 天是在村里度过的。记得年初时，新项目汇报文本和启动区方案做完之后，我主动申请到村里驻场，当然也得到了领导的同意。一年下来，从不知所措到专业，从幼稚到成熟，从手忙脚乱到应对自如，从被人质疑到被信赖，我想我没有辜负自己，也没有辜负领导的期望。原来，一年时间里可以有很多变化。

金岭村是省组织部驻点的项目，项目特点是参与部门多、重视程度高、倾斜政策多、铺开方面广、时间紧、任务重。

作为一位乡建新人,刚开始就能接触到这样的项目,无疑是莫大的荣幸。于是怀着一颗感恩的心,我开始了这一年的乡村驻场工作。

回想起刚开始的几个月,简直身心俱疲。说实话,虽然在这之前,在乡村已经工作大半年,但这次负责一个村,还是感到力不从心。最痛苦的是在相当长的一段时间内,一心想着对项目负责,然而并不知道怎样做才对项目好……

很多工作内容是自己之前完全不会涉及的:传统民居修复、生态河道治理、村湾环境整治、各种关系的协调对接以及现场各种突发情况的应对。原来,这些都要接触、深度参与其中并做出反应。原来,在办公室里画的图纸到落地的距离还有点远……

应该说,前面几个月是充分学习的时间,边学边进步,慢慢地进入状态,承担更多的任务,开始扮演更多的角色:设计师、现场监理、技术员、协调者、智囊团……

曾经在好长一段时间里,有一个很明确的目标:开园。围绕这个明确的目标,大家众志成城,相互配合;面对水灾,积极应对;为了开园,日夜兼程,终于在 2016 年 11 月 1 日顺利开园!

开园后,有人说我很辛苦,我常说,我得到的要比我付出的多得多!

这一年,我学到了很多。

当话语成了"权威",是一种什么感觉,也体会到"狐假虎威"之后的心虚。

这一年,我经历了从概念方案到落地的建设过程。

这一年,我了解了现阶段打造美丽乡村的一些具体操作方法。

这一年,我承受了遭遇洪水后村民们的质疑。

这一年,信任越大,压力越大。

这一年,任务越多,斗志越强……

从村庄的树木凋零到郁郁葱葱,再到年轻人纷纷回家过年,经历了一个村庄的四季变化,指挥部领导换了一轮,而我还要继续坚守。一年只做一件事,只驻扎一个村，有付出就有回报，这是社会规则，也是职场规则。

自转行做乡建以来，我看了很多乡村建设和民宿改造的案例，越来越多的明星设计院和设计师加入这个行列。几年下来，似乎战果累累，各种理论花样翻新。但实际结果呢？山还是那么荒，村还是那么穷。

我们并非刻意去做这件事，一切顺势而为，目标是发展旅游业，实则是在梳理乡村。只要朝着既定的方向努力，就不怕没结果。在此做个对比，国产电影《战狼2》自上市以来票房一路飙升，创造了华语电影票房新纪录，我觉得乡建与拍电影有些相似之处。

（1）在电影上映之前，很难预料票房情况，演员、导演在各地多做宣传，有助于获得高票房；乡村旅游在建成开园之前，并不知道能吸引多少游客，做好宣传是很有必要的。

（2）过度宣传，有点像剧透，剧透太厉害会对最后的效果产生影响；乡村旅游吸引游客来一次并不难，难在拥有"回头客"。其实，最好的广告是体验者甚至陌生人之间的"口口相传"。

（3）影视行业存在没有剧本就开拍的情况，效果可能是出乎意料的；乡建也存在这种情况，动态的规划过程中，没有图纸就施工，有时可能更加接地气。

（4）关于存档：电影拍完之后，可以通过硬盘、光盘等存储设备存储下来，供人观看；乡村建设也一样，建成之后可供人们游览观光，是百年大计！

（5）关于演员和设计师：一个是之后紧张，一个是当场紧张，同样需要临场发挥，同样都存在 NG（不过关）……

美丽乡村如何取得"高票房"？这需要建设者们坚持初心，稳步向前。

在金岭村项目建设中，各种角色参与其中，有甲方指挥部、乙方设计院、监理方、施工方等。当然还有政府的各个部门，如建设局、国土局、林业局、审计局、文体局等。大家都在各自所擅长的领域，为村庄建设贡献着自己的力量，只有各个方面配合好，最终效果才会完美。

个人的力量是薄弱的，作为一名乡建新人，有太多能力不足的地方，但这并不影响我们把项目做好，因为我们是团队作战！

在此还要特别做一下感谢：

感谢方洪军的传授：项目初期，自身能力欠缺，很多时候都是方工在现场、在电话里、在视频中来教我怎么做，具体到每个细节！多亏了方工耐心地讲解和无私的付出，我才慢慢地进入了状态！

感谢甲方的信任：前期虽然给甲方带来一些操作层面的麻烦，但总体来说，甲方对团队以及我个人比较信任，得益于此，我们才能顺利开展工作。

感谢施工队的配合：方案再好，也需要一砖一瓦去实现，正因为施工队的积极配合，我们的设计才得以落地！

其实，每个亲历过的项目或多或少都会有些感受，但像金岭村项目建设体会这么深刻的还是第一个。因为经历了整个过程，这是我人生中一笔宝贵的财富。

莎士比亚说：卑微的工作是用艰苦卓绝的精神忍受着的，最低陋的事情往往指向最崇高的目标！我们没有那么苦，但也需要坚持，从感性的介入乡建到理性的落地实践，这个过程也是中国农耕文明中的"文明"的回归。有人说：播下一颗种子最好的时间就是十年前和现在，你为乡村播下一颗种子，那么接下来，施肥、浇水、锄草、修剪！然后，看着它发芽、成长、开花、结果！

最后，引用原项目负责人高文峰的一句话："读史千年，终归诗酒田园……闲把山喝醉，错推松走开。松鼠在屋脊上嬉闹，似乎一切都在变成我想要的样子……"这也是我想要的样子。

驻场设计师：金持

6.1.2　记忆中的老故乡，印象里的田园风

记忆中的金岭村

这已经是我第七次来金岭了，但这次我没有回去，从此便成了这里的"驻村大使"，负责代办村内设计和工作室的各项业务。依稀记得第一次来金岭是一个冬天，那天刚好赶上大悟县下大雾……孝感高铁站设在县城，很方便，但从高铁站再到村里便没有那么容易了，在高铁站打车过来至少需要40分钟。乡村道路是狭窄的，冬天的山是荒芜的，只能模糊地看到有很多板栗树，后来得知，板栗算是当地的主要产品……每次有会车时，都会被惊到，但司机师傅的技术会让人慢慢地放松下来，看来应对这种山路，他们已经非常熟练了。

金岭村四面环山，中间为梯田，是丘陵的地貌。一条小河穿村而过，河水调节了村落气候，形成"气"，重山环绕，使"气"得以留驻。村内水塘和自然山体使传统民居形成依山傍水的格局。

对家乡而言，很多游子就像来往匆匆的过客，而我仿佛成了这里的常客。让年轻人回来，看着他们的状态，就仿佛看到了自己。我是北方人，在我的心目中，也有一个故乡的场景。或许，很多人记忆中的故乡都是那时的山和水，那时的田埂与小路，那时的一草一木、一树一花，它们恰似一幅鲜活的画卷，抑或一首宛转悠扬的乐曲，让人不得不感慨：时过境迁，物是人非。

每当春天来临，每当河流涨潮，每当佳节将至……这些"每当"都是老人们的回忆，一回忆起来，满脸都是幸福，话语滔滔不绝，仿佛把你带入了那个情境当中，然而回过神来已无法回到那段时光。那个时代虽然没有现在富裕，但是人们精神非常好，过得很幸福。现在村里搞旅游开发，会对他们的老房子进行改造和升级，这是社会发展的趋势，我们能做的就是尽量保留。而这种保留，不只是一段墙、一片瓦，更多的是保留他们心目中的老故乡。在金岭村过了两个元宵节，深有体会。

金岭村的农业比较落后，然而也正因为如此，才更接近我们想象中的"田园风"。古有渔樵耕读，今有老牛耕地，在很多地方已被机械取代的场景，在金岭村随处可见。无须刻意表演，生活便成了景观，而这种景观是根植于泥土，无法替代的。

小张湾鄂北传统民居经过改造升级，整体呈现"框结构、青砖体、土坯墙、石条门、实木顶、黑布瓦、飞龙檐"的建筑风格，充满传统鄂北民居风情。有道是："鄂北风格古门楼，庭院深深曲通幽；鳞次栉比布瓦顶，盘头坐脊屋上秀。挑门抬梁农家院，青砖土坯铭乡愁；皂角古井永相伴，山水田园度春秋。"

黄金沟非遗文化体验区隐于金岭村东山谷，绿树成荫，恬静优雅，集展览、展演、互动体验于一体，分为"红色文化、农耕文化、民俗文化"三大区域，具有深厚的孝感文化底蕴。民俗文化方面，高腔皮影、钢镰大鼓、大悟织锦、鄂北特色婚庆展演、炸冻米、打糍粑及划旱船等项目，让每位游客流连忘返。

观星谷汽车露营地依山傍水，环境优美，以山地传统村落露营旅游为特点，充分利用山水自然条件，因地制宜，打造集露营、房车、户外、休闲、度假于一体的特色汽车露营地。"驴友们"可以举行露营、房车、篝火、烧烤活动。

每个人的记忆里都有一段抹不去的乡愁，这些古老的房子把我们带回以前那些特定的时光，勾起我们对童年的记忆，撩动着对梦里老家的思念。金岭是一个"看得见山、望得见水、记得住乡愁"的田园故里，静湖老村，青砖灰瓦，水流潺潺……古朴纯美，原真自然，是人们记忆中的老故乡、印象里的田园风。

驻场设计师：金持

6.1.3　杂记：驻场生活

驻场设计师金持
与施工师傅

在一个不是自己家乡的村庄，度过了一个春夏秋冬的轮回以及除了春节之外的所有节日，这种经历不常有。作为金岭村的建设者，我对金岭村情有独钟，在建设过程中，很想关注每个建设细节，做好每个细节，记录下那些点点滴滴。

1）写了 14 多万的文字

"这几天虽然没有做实质性的工作，但到处'奔波'，周旋于技术交底、看材料、河道放线、跟方工解决现场问题等杂事中，依然感觉很充实，只是杂事太多，有些许混乱，所以坚持每天写日记！关于项目、关于感想、关于鸡毛蒜皮、关于风吹草动、关于技术、关于民生、关于团队……以免一个人在村里忘记了时间，忘记了初心！"这是 2016 年 4 月 22 日开始记日记前写下的一段话，从此，便有了驻村一年多的丰富和充实的生活。

年底时翻了一下，写得文采一般，但字数超过 14 万，月均 1.6 万。养成记录做项目的点滴和心路历程的习惯，虽不专业，但日记就像是一个时间容器，把边边角角的时间存储起来，堪称老司机的行车记录仪！

驻村的大部分时间都很孤独，写文字让人的内心变得充实，这也是驻场生活的常态任务。

2）喝了许多瓶2015年的"白云边"

在项目工地，有很多要喝酒的场合：

（1）开工之前，跟每个施工队喝酒就像开工放鞭炮，已形成不成文的规定！

（2）测量农户家的房屋，到了饭点，被"强拉硬拽"留下吃饭，不能不喝两盅。

（3）在指挥部吃饭，恰逢赶上领导们喝酒，同一个饭桌坐着，喝酒的事，又怎能逃得了。

（4）年轻人在一起，出去聚聚，城里逛逛，餐桌上，还是不能没有酒……

这一年，在自己酒量允许的情况下，喝了一些酒。有时也会起到一些作用，记得有一次，河道的施工队不配合，但喝了一顿酒之后，第二天明显感觉他们的态度好多了。在工地上，啥招都得用……当然，也有丢人的时候，让领导"拖回家"并打扫残局的情况并不是没有……

这一年，在酒桌上，一不小心就成了主角。

3）据不完全统计：截至年底，跟领导及同事的视频及电话时间超过90小时

视频、语音、电话等工具成了我们异地办公中打破时空限制的好工具，白天施工，晚上交流，一时间成为常态，特别是项目刚开始时，交流得很频繁。发现问题，及时沟通，及时解决！这些现代工具，让异地办公更便捷。

4）开了很多场会议

大事开小会，小事开大会；大会解放思想，小会解决问题。做项目，特别是做乡村项目少不了开会！

跟甲方开会，跟农民开会，跟施工队开会，都要参加。会开多了，就少了仪式感；在现场待久了，就没了神秘感。好在我参加的会大多是小会，以解决问题和汇报方案为主。

5）驻场期间，记录下的不成熟的语录（节选）

有的是酒后乱言，有的是他山之石，有的是聊天聊出来的经验之谈。

（1）农村的发展，问题即机会。未来农村的发展应放慢脚步，做内功，

金岭村群众大会

还有很长的路要走。

（2）常常戴着耳机画图，难免联想起音乐与建筑之间的关系，都说建筑是凝固的音乐，音乐的高潮、平缓以及各种节奏好像建筑里的空间节奏……建筑的形式错了就像跑调。

（3）所谓"内行看门道，外行看热闹"，做乡建项目，要做到既有人看门道，又有人看热闹，这样才算成功。

（4）盖新房子有的花几百元就够了，这所花了3000元，还是土房子……盖房子有点像父母供小孩上学，有的出国深造，花费了很多，但回来依然成绩平平，而有的没读书却成就非凡，无法预估未来的价值。当初只想做经得起考验和检查的工程。

（5）面对美景，人生就是用来浪费的啊……

（6）有一种无奈叫力不从心；有一种苦恼叫能力不足；有一种劣势叫没有经验但已不年轻。

（7）做乡建，看似没有传统设计院的专业性，这有点儿像赵本山的小品，虽然他不是科班出身，但作品就是接地气，能逗乐大家；我们没有什么，但尽量保持本真，也就是最好的景色……

（8）方向有问题还在一直坚持，那叫固执；方案有问题却在附和，那叫没原则！乡村工作，你是想没原则还是固执，自己看着办！

（9）实事求是是解决一切问题的万能方法。

（10）如今，人们开始摒弃华而不实的东西，这对未来的乡建是好事。当然，从注重表面到追求内在是需要时间的，而这个时代正在到来！

这些语录、片段构成了一段段心路历程，不是吗？

以上都是过程中的琐事，一件件的琐事，拼成整个过程。驻场生活丰富而充实，对个人能够磨砺内心、提高能力。对项目可以节省沟通成本，提高方案的完成度。总之，驻场是一种非常有效的工作方式，也是一种用心体会万物的生活方式。

感谢团队的支持，整个团队 "因小而精" "因精而美"，是一个温馨的大家庭！

驻场设计师：金持

6.2 设计访谈

6.2.1 采访"华夏农道"负责人祝采朋

初到金岭村，便感到一番"惊艳"，是乡村又不太像乡村。您的感受和评价是什么？

祝采朋：其实是既有惊艳，也有惊吓。

惊艳是因为这里完整地保留了山、村、田、河的乡村景观系统，整体来讲很像乡村，尤其是小张湾、黄金沟和老磨子沟片区，因为交通不便，村民搬到马路边盖新房，这些传统民居就得以保留。正是这种破败感打动了我们，这里保留了众多生活在城里人的乡愁。

惊吓是因为这里很贫穷，村里几乎看不到年轻人，单身汉、孤寡老人特别多。调研时，和他们聊天大有"不知有汉，无论魏晋"的感觉，这个村庄像是被时代遗忘，与全国平均水平相比至少落后十年。

我们做了很多项目。每到一个地方，开始时村民不抱希望，对于我们的调研抱有一种"看热闹"的心态。我们夸老房子漂亮时，他们吃惊地说这破房子有什么好的？然而，对于如此落后的村庄，我们非常有信心。正因为贫穷，他们没钱建新房，却保留了村庄难得的乡村感。我们把这样的村庄比喻为没有梳妆的美女，只要稍微梳洗打扮便会很美。

您是湖北人吗？之前了解这个地方吗？是什么机缘接到这个项目？

祝采朋：我是山东人，这几年一直在湖北做项目，对湖北比对家乡还熟悉。之前我不知道金岭村，但我了解大悟，大悟的红叶很出名。湖北有两个地方的旅游广告词比较出名，一个是麻城的"人间四月天，麻城看杜鹃"，另一个则是大悟的"金秋好时节，大悟看红叶"。

2012年我们完成郝堂村项目之后，受广水市政府的邀请，花两年时间打造以石头房、柿子树为景观的桃源村。大悟县紧邻广水市，多次去桃源村参观学习。那时，我们正好在郝堂开年会，一个副县长带队到郝堂来拜访。我们考察之后觉得金岭村自身条件不错，于是一拍即合，年底签合同，春节后我们直赴金岭村开始调研，开展规划设计工作。

在做乡建之前，做过哪些项目？第一个乡建项目地点是哪里？跟孙君老师合作的第一个项目地点是哪里？

祝采朋：做乡建之前我更多的是做规划，对于那种不落地的规划，慢慢地就失去了兴趣，希望所做的规划更接地气。那时认识了孙君老师，和他聊天时，他说的一句话特别打动我："跟着我做乡建，规划做完后可以通过实践来检验规划的准确性，从而不断反思和总结，让规划更准确。"于是，我义无反顾地跟随孙老师做乡建。与孙老师真正合作的第一个项目是湖北省枝江市问安镇关庙山村，特别顺利，但中途因为一些意外而暂停了。

从整体环境、资源、基础看，金岭村没有优势可言，选择这个地方是地方政府的决定。那么，作为设计师，您觉得这个选择有何优劣？

祝采朋：第一，外在条件的优劣对项目能否做成功影响并不是特别大，重要的是村庄的内在条件。村庄整体的环境和感觉是否像乡村，这一点很重要。第二，村书记是否有威望、有愿意做成这件事的决心。第三，县委县政府必须有一位领导担任总协调人，尊重我们设计师的理念和方法，并且协调省、市、县、镇、村的各种关系与事务。金岭村是我们至今所选村庄里最像村庄的，我们也算"一见钟情"。县里专门成立指挥部，常设村里，村干部干劲十足，县里有项目负责人全力支持。因此，金岭村的建设非常顺利，本来计划两年完成，结果一年就建成了，创造了一个"乡建奇迹"。

"三区一中心"的规划，当初是如何来挖掘和定位的？出于什么样的思路和考虑？

祝采朋：金岭村有十几个村民小组，非常分散。设计团队的服务期为两年，用这两年的时间完成十几个村民小组的美丽乡村建设是不现实的。经过分析，小张湾、黄金沟、老磨子沟这三个村湾基本没有村民居住，因此建议由村集体成立合作社收储，由政府出资进行修复，修复之后用来发展乡村旅游，并通过这三个村湾的民居改造和乡村旅游发展，带动磨子沟新村里村民自发的改造旧房发展产业。

"一中心"当时的规划不在现在的位置，是在乌桕广场。如果在乌桕广场，那么，它的功能既是村民的综合服务中心，也是游客服务中心。游客首先在这个中心停车，从这里分流到小张湾、黄金沟和磨子沟。因为位置变了，功能上可能受到一定的影响。

三个区域中，原村落的格局、布局非常有趣，是自然形成、顺势而为的。

哪个最先完成？哪个最完善？各个区域的产业业态、建筑形式如何确定？

祝采朋：三个区域在原来三个村庄的基础上规划设计，都是顺势而为。最先完成的是小张湾，目前最完善的也是小张湾，这个与当初的功能定位有关。小张湾离最初的综合服务中心最近，所以规划了餐饮、民宿、娱乐和艺术家工作室；黄金沟体量比较小，侧重于餐饮和民俗小吃，同时承担小张湾产业溢出的功能；老磨子最初定位为山居酒店，邀请在河南省新县做乡村产业的赵亮团队来运营。整体规划设计在项目推进和执行过程中有一些调整。整个建筑形式延续本地的民居风格，对鄂北民居的特点和建筑形式进行提升和加强。

小张湾最出色的地方是哪里？最难做的是哪里？

祝采朋：小张湾最出色的是村落形态，古民居、古树、古井形成的历史沧桑感非常有味道。设计时特意保留了破旧的石库门、残墙断壁。其实，最难的不是设计，而是让设计落地。我们特别担心建成之后的村庄变成一个崭新的古村，初进村时那些打动人心的场景都消失了，因此在调研时每个细节都拍了照片，哪个地方有一个石碾、哪个地方有一口破缸、哪个地方有一口古井，都在图上做了标示，希望建成后最大程度地还原原始场景。建造修复民居时，让施工队收集旧砖、旧瓦，力争修旧如旧，既保留那种历史沧桑感，又不能让人感觉破烂陈旧，把握好这个度，要求我们不停地研究细节。好在驻场人员非常敬业和专业，才做成了今天的小张湾。

观星谷其实是个蛮现代的题材，承担旅游娱乐的功能。所有设计都是最初的方案吗？

祝采朋：观星谷并非我们最初的设计。当时，政府要建房车营地，找另外一家公司做策划，其实我们是反对的，认为这个概念很好，但放在这里不合适。在北京、武汉等大城市也许会有市场，这些不是金岭村的特色资源。实践证明，确实不太被市场认可，帐篷酒店和房车没人用，听说政府打算拆除帐篷了。不过，改造房屋的施工队是我们培养出来的，这也是乡村建设中总结出来的方法和经验。我们每到一个地方就要求政府部门找一支靠谱的施工队，我们来培养。这样，即使我们离开后，本地很多美丽乡村建设项目仍然可以建得很好。

金岭村的老房子、新建筑的对比，以及专门保留下来的残垣断壁，形成是"乡村又不是乡村"的新鲜感……是侧重于规划设计，还是发展旅游业？

祝采朋：尽量保留村庄最初的形态，它就像一个乡村的活化石，我们去发掘、保护，不能过多地改造。

老房子的原貌原味保留得很好，在设计、施工工艺、施工要求上，有什么特别之处吗？目前呈现的是原来方案的状态吗？完成了多少？

祝采朋：修复传统民居，我们的要求是落架大修、修旧如旧，现在很多施工队都是工程思维，离开钢筋混凝土便不会干活。对于金岭村的老房子，我们坚决要求用传统工艺加以修复。好在有一支合作多年的施工队，保证最终的效果。老房子修复，目前呈现的基本上是原来的方案，差不多完成80%，有些具体细节和室内设计还有待提升。

项目负责人曾提到，在规划设计中，规范与政府的要求、规范与乡村的现实有各种矛盾或冲突，如何协调？

祝采朋：这是个死结，是目前依然没有解决的问题。国家的规范大多是"一刀切"，但在实践中遇到很多具体问题，全部符合国家规范最高标准则很难保证乡村原真性和原始风貌，不遵照规范又无法保障项目的安全性。我们的做法是，首先保证规范所要求的安全性，在此基础上保证乡村的风貌和传统民居的风格。

这是省、县、镇、村全力推进的，设计师有处于弱势的情况吗？如何协调或坚持设计理念、思路？

祝采朋：我们算是强势的，初次洽谈时，我们强调理念一致是前提条件，否则一切免谈。在金岭村规划设计中，关于一些具体的问题，设计师和各级领导意见不一致时，需要项目协调人做好工作。每当这个时候都是项目负责人出马，让很多被毙掉的设计起死回生，给予我们很大支持。

总体方案中，对于概念、规划、施工图，政府和设计师的想法各占多大比例？

祝采朋：从概念到规划，再到项目落地，总体方向不会改变。然而，往往遇到有行政命令或上级领导来检查，需要快速完成。比如黄金沟做成非遗展示并不是原来规划的方向，但根据项目的实际情况有所调整。

项目负责人曾提到，门楼、风雨桥等是增建的，并不是典型的建筑风格，这中间如何协调处理？

祝采朋：这其实是理念之争。我们一直强调要做一个真实的村庄，不是景区，建筑是用来住，而不是用来看，但一些领导担心游客来小张湾后看到的景点太少，所以才增建了很多门楼、风雨桥等。开始我们是反对的，后来觉得有一定的道理，加上这些景观性建筑不会对规划有不好的影响，因此按照领导的意见做了调整。我们有原则，但并非丝毫不能通融。

这个项目中有没有未实现、有遗憾或不合适、有问题的部分？

祝采朋：每个项目都有遗憾，这是必然的。金岭村项目最大的遗憾是综合服务中心没有按照最初的设计实施。综合服务中心最初的选址在现在的乌桕广场，我们进入时已经平整场地、准备打地基。我们希望综合考虑乡村便民服务中心与旅游服务中心、村里的扶贫搬迁小区、年货街、农家乐、停车场等各种因素。民居改造有很大的局限性，很多空间在发展旅游时不是特别好用，所以想把政府的扶贫搬迁和旅游产业发展结合起来，这些房子为发展旅游做的设计，既考虑日常的生活又考虑产业发展。然而，限于各种因素，这个设计未实施，致使目前的扶贫搬迁小区没有充分利用，停车场的问题没有解决，有遗憾，也有无奈。

美丽乡村建设是为了发展旅游业，政府的目标很明确。在规划设计中，产业的可行性、持续性是如何考虑的？

祝采朋：产业发展的核心是人，因此美丽乡村建设过程中特别强调村干部和村民的参与，目的是让他们找到"当家做主"的感觉。很多乡村，最大的问题是村干部对乡村发展没有想法，或者即使有想法，很可能方向错误，这比没想法还可怕。很多村干部以完成各级领导的任务为第一使命，整个村庄被动发展。我们在调研时特意询问村干部和村民对村庄未来有什么想法，好的想法则通过规划辅助实现，不太切实际则会适当调整。规划完成后，首先向村民和村干部汇报，让他们知道村庄未来发展的蓝图并非由我们的主观意识来决定，而源自他们的想法和需求。蓝图有了，要实现还要靠他们自力更生，通过实际的美丽乡村建设把村干部和村民的积极性调动起来，让他们自发、自愿地投入其中。

只要村干部和村民对村庄有了希望，有了干事的热情和主动性，村庄自然朝好的方向发展。村庄变美了，房子变舒服了，旅游业自然发展起来了。然而，产业的可持续性发展离不开村集体经济的发展，只有集体经济壮大了，才能有效地管理和服务村庄。在金岭村，我们建议村庄成立合作社，项目负责人想得更长远，指导村民成立人民公司，人民公司的良好运转是金岭村乡村旅游产业可持续发展的重要保证。

金岭村项目之后，是否有更多的乡建项目邀请您的团队参与？现在在做什么？

祝采朋：确实有很多，目前在谈河南民权县王公庄村，其被称为"中国画虎第一村"，因村民擅长画虎而出名。

我们来到金岭村一路走来，从项目负责人高文峰到驻场设计师金持，包括镇上、指挥部的干部，感觉都充满文艺范儿和文人情怀，您自己呢？高文峰说，孙老师写意，但乡建需要写实，您觉得该如何处理写意与写实的关系？

祝采朋：我们是一群有乡村情结的人，大多是从农村出来的，现在用自己的专业知识回报乡村，感觉非常幸运。写意和写实在乡建中都很重要，写意是感觉、是方向，写实是方法、是落地。写意时心中时刻牢记写实，写实时不能忘记打动人心的写意是什么。

祝采朋与高文峰现场交流方案

6.2.2　从幸福的身边走过——对话时任大悟县县委组织部高文峰部长

曾经作为地方政府主抓项目的领导，您能简短介绍一下项目的整体情况吗？

高文峰：金岭村是湖北省的贫困村。以前这里是大悟县的镇中心，后来高速公路穿越大悟县城关镇直到广水，金岭村位于边侧，因而对它的辐射和拉动作用比较小，直到 2010 年这里才通车。从一些图片能看到金岭村破败的样子和裸露在外的土坯。金岭村约 1900 名村民，45 岁以上的单身汉有 128 人。

在中央做出精准扶贫的部署之后，省委规定每个省直属单位要联系贫困村，做到"精准扶贫、精准脱贫"，也是脱贫攻坚战。我们将这个最贫穷的村作为一个样本，希望找到一条脱贫之路。通过美丽乡村的建设来吸引外来的人，借助自然山水风光来发展乡村旅游，以旅游带动产业发展，走"产业扶贫"之路。

现在令人惊艳的金岭村，当时是一片破败，一穷二白，山不高，水不秀，人才和产业都没有。我们应该怎么办？我们了解到孙君老师关于中国乡建的一些理念，比较切合农村发展。我们赞同孙君老师"把农村建设得更像农村"的理念，所以和"绿十字"达成合作。

在项目开始时，您心目中的新金岭村是什么样的？

高文峰：设计团队首先进行深入调研。金岭村共有 13 个湾子（村落）。有几个村是"空心村"，只有四五户人家。规划时认为，要依靠本村，挖掘村庄的自然内涵，恢复传统、质朴的元素，形成特色，发展乡村旅游。这是概念规划的大方向。当时，大家对在金岭村搞旅游持怀疑态度。2016 年 5 月，省委组织部表示乡建不能停留在规划上，并明确由我负责，要求 7 月 1 日看到形象性的东西。时间非常紧张！

在实施过程中，金岭村备受关注，各级领导帮助团队出主意、把脉问诊。大家问了我一个问题："这个地方的核心看点是什么？怎样才能吸引游客？"我说："金岭村没有什么看点，我们要做的是一种'生活状态'。"我生在农村，长在农村，知道农村是什么样的，所以非常赞同孙老师"把农村建设得更像农村"的理念，把农村还原成农村。如果在心中画一幅画，我想让金岭村变成小时候的农村：赤着脚在河里抓鱼摸虾，人与自然和谐相处。另一幅画卷就像《桃花源记》。为什么武陵人想再次去呢？那个地方其实什么都没有，只是多了点桃树，

"夹岸数百步""阡陌交通，鸡犬相闻""黄发垂髫，并怡然自乐"，这就是农村的生活化方式。规划建设过后，让别人羡慕我们的生活方式，只有这样，大家才会来。到这里来看什么？看一种生活状态，从幸福的身边走过。

金岭村项目进展迅速且成效显著。这期间与政府相关部门、设计团队、村民进行大量的协调工作，并突破常规。您作为项目"总指挥"，一定有很多感受。

高文峰：框架、骨架全部搭建完毕。从省里自上而下，由我作为项目负责人，实施项目整合，执行力非常强大。

在整个过程中，涉及一些招标、投标、投审，政府不招标、不投标的话，项目资金整合不进来。但是，乡村建设没有整体性的设计，比如小张湾片区要改造民房 42 套，建筑面积、装修深度无法确定，工程量无法计算，按照当地通用的建设成本算一下，施工队其实做不来。此外，乡建的施工工艺与其他工程相比，要求更高，应融于师傅们的"匠心"。因此，我们需要组织资源，进行相应的协调、研究，聆听集体的意见；做好备忘录、会议纪要等，务必把集体决策的过程理清楚；在具体实施过程中，项目负责人高度自律，撇清政商关系。再比如，如果把乡村建设当作工程项目，必然涉及竣工、验收的问题，然而现在很多农村的房子，例如消防通道、基础设施等无法按照规范来竣工、验收。今后，应当确定一个考量办法，以便实现可持续发展。

我跟施工团队的负责人郑世宏说："有事情你就找指挥部，不要跟我本人见面。虽然是我决策，但你和我本人没有任何关系，就是甲方和乙方的关系。"我们彼此非常信任。除此之外，党员干部要高度自律，施工方郑世宏和设计方孙君老师的团队都做到了这一点。集体决策要自律，招标、投标要合规，要设有类似防火墙一样的自我保护，保证做事情要"干成事、不出事"。在十九大提出乡村振兴战略之后，乡村建设会开展更多，要解决这些问题，就应当整合考虑这些因素。

从项目开始至今，您认为是否达到了产业发展和旅游业发展的预测效果？

高文峰：这个问题比较复杂，我简单地说。我常说，孙老师是画家，是"写意"的。"写意"告诉我们，"向前走，前面有风景"，但具体走几千米能看到风景，孙君老师没有规划，认为建设完成之后，产业形态慢慢地富集起来。事实上，这是原发性的，通过金岭村的核心价值来实现。然而，作为一项精准扶贫的项目，需要反过来。把房子建起来不是目的，让老百姓增加收入才是最终目标。如何带动老百姓增收？政府机关不能等，不能等建设完成后再去发展产业。

运营管理不同的乡建项目，首先以老百姓的利益为中心，这是前提。村是什么？就是老百姓，必须有群众在这里。孙老师说，让年轻人回来。现在有250多人回来了，七八十个年轻人在村里做农家乐。除此之外，政府需要因势利导将一个"空心湾"打造成连片区域，在仅有的四五户人家搬走后予以综合，但即便搬离这个湾也是不离乡、不离土，在其他地方居住，然后规划产业发展。

再比如，颜回书院的概念是省委组织部领导们讨论后提出来的，旨在为乡建找个文化载体。金岭村的许多村民是颜回的后代，在第78至83代之间。在建的颜回书院作为留守儿童的关爱基地，留守儿童暑期时在这里学习国学，政府设立项目资金，支持颜回书院关于留守儿童关爱基地的运营。

在项目实施过程中，把群众组织起来，拥护党、跟党走，孙老师说，乡村建设有乡村建设的规矩，把农村建设得更像农村，讲乡建、宗建两个概念。我跟他提出，在这两者的基础上应加上党建。所谓党建，即必须在党的领导下，党建引领乡建。事实上，贫困村、软弱涣散村通常是基层组织缺乏战斗力的，党组织没有战斗力，党员不跟党走，群众不跟组织走，"各吃各的饭，各做各的事，各走各的路"，这样怎么可以？村民需要组织，团结在一起。因此，农村需要党建。离开党建的话语体系，项目难以落地、难以生根。

目前金岭村完成三个区域、一个中心，未来有什么更大的扩展计划或运营方面的设想吗？

高文峰：金岭村项目建设之后，有个湖北省企业老板想打包一个区域，建设高端民宿酒店，每年付租金，再把这些钱分给老百姓，老百姓可以致富。但是，我坚决不同意。因为，乡村一定是老百姓自己的。于是，我提出来"人民公司"的概念，把生产和利润组织起来，让老百姓得到分红和收入。孙老师对此评价道："你这个概念提得太好了！""人民公司"把老百姓组织起来，每个人都可以入股，收入是自己的。只要处理好绩效关系，把老百姓组织起来，根据产业的形态发展，用政府的奖补资金帮扶农民、带动农民，这便回到了孙老师说的"老百姓自己会搞的"。老百姓确实会做，有一部分人已经开始知道摆摊设集卖自家东西了。

同时，"人民公司"由本村村民来经营。带头人——由一名村干部任董事长，请一位经理人、一个精英团队负责管理和规划产业。

我们跑了很多项目，大概所有地方都遵循这样的过程。

高文峰：这个过程需要主动培育、引导。比如，谁想开个餐馆，搞一个产业，只需组建一个农家乐协会，协会对相关产业进行规范化的管理，引导和服务老百姓。

我对农民提的要求是"三房"：厨房、客房、茅房。把土灶留下，卫生条件必须有所改善，每家收拾一个小客房。建"三馆"——小饭馆、小茶馆、小旅馆，并按照标准设计"三馆"。家家户户的生活，要找几个技术标准，提几个要求。这虽然有些抽象，但有个方向。灭"三荒"：荒地、荒坡、荒沟。建"三园"：菜园、果园、花园，该种花的种花，该种菜的种菜，该种果树的种果树。由政府来扶持，老百姓在自己家门口增收致富，达到我们精准扶贫、乡村建设的目的。

当然，在项目实施过程中也走了一些弯路，比如，政府对地方的投入不计成本，虽然进行成本控制，但从经济投入产出比来看，还是有些不合算和遗憾。再比如，落实产业思路，把老百姓组织起来，也走了很多弯路。当时，我们要在黄金沟做民宿、做非物质文化遗产，所以设计成了展厅，但效果不好。之后，我们经过反复思考，又把展厅修改成婚庆、喜宴，老百姓可以在黄金沟办红白喜事，把村里传统手艺如打豆腐、酿酒发展起来，这其实也是一种非物质文化遗产。我在黄金沟给豆腐坊写了一副对联"豆腐盘成肉价钱，人生比得石敢当"，给酿酒坊写了一副对联"闲把山喝醉，错推松走开"。

看来，您和孙老师，以及提供很多前期资料的驻村设计师金持有个共同点——很有文化情怀。那么，金岭村的下一步规划，您有什么打算？

高文峰：下一步面临的主要问题是落实十九大提出的乡村振兴战略。"产业兴旺、生态宜居、乡风文明、治理有效、生活富裕"在这里都可以实现。但是，依靠"人民公司"的力量，怎样落实各个项目并保证长远发展和旺盛的生命力？这需要其他因素的主动介入。比如，村委会、村的党组织必须有经营管理的能力，能够发展这种集体经济；修桥修路，打理自家区域和公共区域，这需要采取各种有效的手段。

孙君工作室

周边景观

再比如我们计划建造"孙君工作室"。懂农业、爱农村、爱农民的农村工作队伍是十九大报告中讲到的。"孙君工作室"旨在将乡村振兴战略落到实处，同时吸引更多的人来到这里，为金岭村带来更多先进的理念、思路和方法，使这里成为有生命力且能落地的乡建之地。

党建大院

附 录

团队简介

　　"华夏农道"由原孙君工作室转变而来,孙君工作室是由孙君亲自指导的乡建工作室,始终贯彻孙君提出的理念"把农村建设得更像农村",主要提供乡村规划、建筑设计等服务。"华夏农道"至今参与的项目包括五山模式、绿色问安、"5·12"大地震渔江村与秦家坎、郝堂村、樱桃沟、桃源村、军店老街、土城黄酒村、西关老街、七星村、金岭村。一路走来,其是设计者,也是建设者。

　　"华夏农道"秉承孙君工作室坚持的理念:不以营利为第一要务,而是打造精品。正因如此,设计团队扎根乡村,每次接到项目,花大量时间深入农村,始终和农民在一起。工作室成员来自北京、内蒙古、辽宁、湖北、山东等地,从50后到90后,横跨四代人,有四五名乡村工匠任驻场总工,以确保项目落地。

　　系统乡建,文化导入,一直是"华夏农道"的目标。把农村建设得更像农村,乡村是未来中国的"奢侈品",这是信念,也是正在萌生的希望。

团队成员

孙君	赵立猛
祝采朋	张海鹏
方洪军	高 健
朱鹏斐	戴冰武
冯泽华	王晓明
金 持	张乾恒
金 秋	李如道
郭 举	胡大成
刘 熹	朱代清

画家眼里的小张湾

"绿十字"简介

"绿十字"作为一家民间非营利组织,成立于2003年。十多年来,"绿十字"秉承"把农村建设得更像农村""财力有限,民力无限""乡村,未来中国人的奢侈品"的理念,开展了多种模式的新农村建设。

项目案例:

湖北省谷城县五山镇堰河村生态文明村建设"五山模式"

湖北省枝江市问安镇"五谷源缘绿色问安"乡镇建设项目

湖北省广水市武胜关镇桃源村"世外桃源计划——乡村文化复兴"项目

湖北省十堰市郧阳区樱桃沟村"樱桃沟村旅游发展"项目

河南省信阳市平桥区深化农村改革发展综合试验区郝堂村"郝堂茶人家"项目(郝堂村入选住建部第一批"美丽宜居村庄"第一名)

河南省信阳市新县"英雄梦·新县梦"规划设计公益行项目

四川省"5·12"汶川大地震灾后重建项目

湖南省怀化市会同县高椅乡高椅古村 "高椅村的故事"项目(高椅村入选住建部第三批"美丽宜居村庄")

湖南省汝城县土桥镇金山村"金山莲颐"项目

河北省阜平县"阜平富民,有续扶贫"项目

河北省邯郸县河沙镇镇小堤村"美丽小堤·风情古枣"全面软件项目(小堤村项目被评为"2016年中国十大最美乡村"第一名)

"绿十字"在多年的乡村实践过程中，非常重视软件建设，包括乡村环境营造（资源分类、处理技术引进、精神环境净化），基层组织建设（党建、村建、家建），绿色生态修复工程（土壤改良、有机农业、水质净化、污水处理），村民能力提升（好农妇培训、女红培训、电商培训、家庭和谐培训），扶贫产业发展（养老互助、产业合作、教育基金，扶贫项目引入），传统文化回归（姓氏、宗祠、民俗、村谱），乡村品牌推广（文创、度假管理），美丽乡村宣传（通信、微信、网站、书刊、论坛、大赛、官媒）等。从 2017 年起，"绿十字"乡村建设开始运营前置与金融导入，进入全面的"软件运营"时代。

图书在版编目（CIP）数据

把农村建设得更像农村. 金岭村 / 祝采朋，金持著
. —— 南京 ：江苏凤凰科学技术出版社，2019.2
（中国乡村建设系列丛书）
ISBN 978-7-5537-9950-6

Ⅰ．①把… Ⅱ．①祝… ②金… Ⅲ．①农业建筑－建
筑设计－大悟县 Ⅳ．①TU26

中国版本图书馆CIP数据核字(2018)第292164号

把农村建设得更像农村　金岭村

著　　　　者	祝采朋　金　持
项 目 策 划	凤凰空间 / 周明艳
责 任 编 辑	刘屹立　赵　研
特 约 编 辑	王雨晨

出 版 发 行	江苏凤凰科学技术出版社
出版社地址	南京市湖南路1号A楼，邮编：210009
出版社网址	http：//www.pspress.cn
总 经 销	天津凤凰空间文化传媒有限公司
总经销网址	http：//www.ifengspace.cn
印　　　刷	北京市雅迪彩色印刷有限公司

开　　　本	710 mm×1 000 mm　1 / 16
印　　　张	13
版　　　次	2019年2月第1版
印　　　次	2023年3月第2次印刷

标 准 书 号	ISBN 978-7-5537-9950-6
定　　　价	58.00元

图书如有印装质量问题，可随时向销售部调换（电话：022-87893668）。